Das 1x1 der Finanziellen Freiheit

Wie Sie mit wenig Kapital in Aktien, ETFs und Kryptowährung investieren, nachhaltig Vermögen aufbauen und langfristig ihr Geld für sich arbeiten lassen

Andreas Beaumont

ISBN – 9798711402305

Inhaltsverzeichnis

Ein offenes Money-Mindset und finanzieller Erfolg gehen Hand in Hand

In seiner Ursprungsform war Geld als Tauschmittel gedacht. Damit war mit seiner Nutzung endlich Schluss mit den umständlichen Apfel-gegen-Ei-Deals. Hier könnte man sich fragen, ob die Akkumulation dieses Tauschmittels einen glücklich macht. Intuitiv beantworten viele Menschen diese Frage mit einem Ja. Würde man sie aber fragen, ob eine Tonne Äpfel sie langfristig glücklich mache, wie würde dann ihre intuitive Antwort ausfallen? Sicher kann man Äpfel irgendwie ökonomisch verzwecken, aber darum geht es in dieser Argumentation nicht. Es geht darum, Geld als das zu betrachten, was es ist: ein fiktiver Gesellschaftskonsens, um das menschliche Zusammenleben zu vereinfachen. Unter dieser objektiven Betrachtung hat es nicht die Aufgabe, uns glücklich zu machen – dafür müssen Sie schon selber sorgen. Es hat nur die Rolle eines Mediums zwischen Idee und Umsetzung. Es ist nicht das Geld an sich, das ihre Lebensfreude bestimmt, es sind die Erlebnisse, die ihnen widerfahren und Emotionen auslösen. Diese

Erfahrungen hängen häufig nicht vom Geld ab, etwa eine Partnerschaft, ein erfolgreicher Schulabschluss, das Wiedersehen eines guten Freundes und so weiter. Demzufolge hat es nur den Wert, den jeder Einzelne ihm zuschreibt und damit wird die Frage nach dem Glück zu einer Angelegenheit der subjektiven Einstellungen.

Im Allgemeinen kann auch beim Investieren Ihr Money-Mindset den Unterschied zwischen Erfolg und Misserfolg bedeuten. Haben sie sich schon gefragt, welche Einstellung Sie zu Geld haben? Assoziieren Sie es mit einer Dienstleistung, einem Produkt oder mit Zeit? Ganz gleich, welches Bild sie vor Augen haben, es ist wichtig, dass Sie sich mit dem Thema Geld gedanklich auseinandersetzen, dass Sie sich fragen, welche Rolle Geld in Ihrem Leben spielt. Wenn Sie erfolgreich investieren wollen, ist ein positives Mindset ein Fundament, das ihnen dabei hilft, mit den Hürden und Freuden des Investierens effektiver umzugehen und mit einer gewissen Gelassenheit vorzugehen.

Nun, was ist ein positives Mindset in Bezug auf Geld? Im Wesentlichen gibt es zwei Grundhaltung. Die eine ist angstbasiert und eventuell begleitet von Stress, Prokrastination und Nervosität. Diese Auffassung ist am häufigsten anzutreffen. Sie betont den Mangel und setzt demzufolge Sparsamkeit in den Vordergrund. Oft liegt es an diesen Verlustängsten oder einem Gefühl der Unsicherheit, dass Menschen vor einer Investition zurückschrecken und ihnen dabei eventuell die eine oder andere aussichtsreiche Investitionschance entgeht. Die andere Grundhaltung betont dagegen den Überschuss und die Freude am Nutzen des Geldes, indem es dafür verwendet wird, die eigenen Ziele zu verwirklichen. Viele erfolgreiche Investoren agieren nach dem Prinzip: kein Risiko, kein Gewinn. Und der Erfolg scheint ihnen recht zu geben. Viele unterschätzen den Einfluss, den Gedanken auf unsere Taten und Lebensqualität haben. Sie beeinflussen jede unserer Entscheidungen und bestimmen damit unser Leben.

Wie eignen Sie sich ein positives Mindset an?

Im Bestreben, Geld als Mittel und nicht als Wert an sich zu betrachten, ist es hilfreich, wenn sie sich zunächst ihrer Ziele oder Wertvorstellungen bewusst werden und sich die Frage stellen, inwieweit diese von Geld beeinflusst sind. Nehmen wir zum Beispiel die Wertvorstellung Großzügigkeit. Jemand, für den Generosität einen hohen Stellenwert in seinem Leben einnimmt, wird diesem Wert mit Sparsamkeit und Verlustängsten nicht gerecht. Abgesehen davon, dass die gegensätzlichen Begriffe einander ausschließen, ist es auch wichtig zu verstehen, dass das negative Mindset eine Hürde für die Umsetzung dieses Werts darstellt.

Viele Menschen legen ihr Geld auf die hohe Kante, weil sie eines Tages ein Unglück befürchten. Statistisch gesehen trifft aber dieser schwarze Tag fast nie ein. Andere wiederum sparen ihr Geld in der Absicht, eines Tages, wenn sie in den Ruhestand eintreten, einen mentalen Schalter zu betätigen und fort an in Saus und Braus zu leben. Dieses Vorhaben ist aber in den meisten Fällen eine

Wunschvorstellung, denn wer für über 30 oder 40 Jahre darauf programmiert ist, Geld beiseitezulegen, wird diese Gewohnheit nur mit schweren Mühen ablegen können. Man denke da nur an die eigenen Großeltern, die auf ein großzügiges Leben im Alter hingearbeitet haben. Hat der Ruhestand tatsächlich ihre Money-Mindset verändert? Auch hier wird die sprichwörtliche Angewohnheit, den Penny zweimal umzudrehen, oft beibehalten. Um diesem angstbasierten Mindset vorzubeugen, empfiehlt es sich, dass Sie Ihre Wertvorstellungen und Lebensziele visualisieren. In der Persönlichkeitsentwicklung ist die Visualisierung der eigenen Ziele eine beliebte und effektive Methode, die für einen zusätzlichen Motivationsschub sorgen kann. Wenn Sie diese Übung einmal täglich für 15 Minuten durchführen, werden sie Voraussetzungen fördern, die ein positives Money-Mindset begünstigen. Im Folgenden sind Schritte aufgeführt, wie sie eine Visualisierung angehen können:

Vorbereitung:

- Nehmen sie sich eine halbe Stunde Zeit, um ihre Ziele und Wertvorstellungen aufzuschreiben.

- Verwenden Sie beim Schreiben keine Modalverben, die auf Zukunft deuten, sondern die Gegenwartsform (nicht: ich will oder werde Astronaut sein; richtig: ich bin Astronaut).

- Nachdem sie diese Liste angelegt haben, lassen sie sich ruhig einen Tag Zeit, bevor sie mit dem Visualisieren beginnen, denn beim Aufschreiben visualisieren Sie bereits.

Umsetzung:

- Suchen Sie einen ruhigen Raum und setzen Sie sich auf einen bequemen Stuhl.

- Ihr Mobilfunkgerät und andere elektronischen Störenfriede sollten auf stumm geschaltet sein.

- Nehmen Sie die Liste und lesen sie einen Punkt laut vor.

- Nehmen Sie eine entspannte Position ein und schließen Sie die Augen.

- Versuchen Sie sich den Punkt, den Sie aufgeschrieben haben, in Bildern vorzustellen, indem Sie ihn mit der geistigen Stimme oder auch verbal vorsagen.

- Wiederholen Sie das Verfahren für die restlichen Punkte auf ihrer Liste.

Mit dieser Übung stärken Sie Ihren Willen und manifestieren eine klare Vorstellung Ihrer Werte und Lebensziele. Sie ist eine allgemeingültige Methode, Motivation zu finden und Prokrastination zu überwinden. Im Vorhaben als Investor zu glänzen ist diese Übung nur dann hilfreich, wenn Sie sich darüber hinaus der Überzeugung anschließen, dass Geld lediglich ein Mittel zum Zweck ist. Ganz gleich, wie motiviert Sie sind, wenn sie Ihre Ängste in Bezug auf Geld nicht überwinden, wird der Wille nie zur Tat. Dies ist besonders der Fall, wenn ihre Ziele von der Bereitschaft, Geld aufzuwenden, abhängen. In diesem Sinne ist das erfolgreiche Investieren eine gesunde Mischung aus Ambition und Kühnheit. Ihr Geld zu horten und seinen Zweck zu entfremden ist nicht der Sinn der Übung und damit ist auch keinem ein Gefallen getan. Aus makroökonomischer Sicht geht es einer Wirtschaft besser, wenn Menschen ihr Geld ausgeben, ganz nach der Devise: Geld ist das Öl im Getriebe einer Wirtschaft. Dies ist auch der Fall beim Investieren. Ein Investor hat seine Rendite als

Priorität, aber was er oft ungeachtet lässt, ist die Förderung der Wirtschaft, die durch seine Investition ermöglicht wurde. In dieser Hinsicht können Sie selbst eine fehlgeschlagene Anlage als eine Stärkung der Wirtschaft betrachten – ein Gedanke, der Trost spenden kann, sollte eine Investition nicht die gewünschten Resultate erzielen. Jedoch geht es in diesem Ratgeber darum, Ihre Chancen auf Rentabilität zu optimieren, indem er Ihnen das Handwerk des intelligenten Investierens in Aktien, Kryptowährungen und in ETFs in den folgenden Kapiteln aufzeigt.

Was sind Aktien und welche Funktion erfüllen Sie?

Im weitesten Sinne ist eine Aktie ein verbriefter Anteil an einem Vermögensgegenstand. Grundsätzlich bezeichnet man damit eine Beteiligung beziehungsweise einen anteiligen Besitzanspruch an einer Kapitalgesellschaft, etwa einer Aktiengesellschaft (AG) oder einer Kommanditgesellschaft (KG). Die Aktie ist demnach ein Wertpapier, dass von einem Unternehmen ausgegeben wird (durch die buchführende Instanz, etwa eine Bank). Der Inhaber einer Aktie beteiligt sich mit ihrem Erwerb am Kapital eines Unternehmens. Mit dem Kauf der Aktie gilt er fortan als Gesellschafter beziehungsweise Aktionär. Der Begriff Gesellschafter meint im Allgemeinen einen Anteilseigner einer Kapitalgesellschaft, ganz gleich, welche Rechtform das Unternehmen hat. Beim Aktionär handelt es sich um einen Gesellschafter in einer AG. Die Frage nach der Funktion der Aktie soll Ihnen hier Anhand eines Beispiels verdeutlicht werden. Nehmen wir einmal an, dass ein bereits existierendes Unternehmen ein neues Produkt einführen möchte. Sollten hier dem Unternehmen die nötigen Finanzmittel fehlen (unzureichendes Eigenkapital), um dieses Vorhaben umzusetzen, hat es zwei Optionen:

1. Das Unternehmen nimmt einen Kredit bei einer Bank auf beziehungsweise verbrieft Schuldscheine, etwa an Investoren.

2. Das Unternehmen erhöht sein Eigenkapital, entweder aus eigenen finanziellen Mitteln der existierenden Anteilseigner oder indem es neue Aktien an Interessenten ausgibt.

Bei der ersten Option, hat das Unternehmen Verpflichtungen gegenüber seinen Investoren oder Gläubigern (Zinsen, Investorenrendite, Tilgung der Schuld). Dagegen sind bei der zweiten Option der Erweiterung des Eigenkapitals diese Verpflichtungen nicht gegeben. Anders als bei einem Kredit oder einem Schuldschein ist der Anteilseigner direkt am Gewinn, aber auch an den Verlusten des Unternehmens beteiligt. Es ist hilfreich, wenn wir uns eines Rechenbeispiels bedienen und die Funktionsweise einer Aktie zu veranschaulichen. In unserem Bespiel hat das Unternehmen ein Eigenkapital von 10 Mio. € und einen zusätzlichen Finanzbedarf von 5 Mio. €, um die Kosten für Entwicklung, Produktion und Vermarktung des neuen

Produkts zu decken. Nun entscheidet sich das Unternehmen dafür, neue Aktien auszugeben. Der Wert der Aktie berechnet sich hier aus dem Quotienten aus Eigenkapital und der Anzahl der Aktien, die das Unternehmen vorher festgelegt hat (das Unternehmen legt die Anzahl in Wahrung seiner Interessen nach Belieben fest). Für unser Beispiel nehmen wir eine Anzahl von 500 000 Aktien an. Der Wert lässt sich dann wie folgt berechnen:

$$\frac{\text{Ursprüngliches Eigenkapital} + \text{Neuer Finanzbedarf}}{\text{Anzahl der Aktien}}$$
$$= \frac{10 \text{ Mio } € + 5 \text{ Mio } €}{500\,000} = 30 \text{ } €$$

Diese Formel ermittelt den sogenannten Buchwert einer Aktie, (der vom börsengehandelten Kurswert zu unterscheiden ist). Der Buchwert wird nun auf die neuen ausgegebenen Aktien angewandt. Demzufolge müsste ein Interessent einen Preis von 30 € je Aktie bezahlen, um sich an unserem Beispielunternehmen zu beteiligen. Der Preis ist umso höher, desto weniger Aktien ausgegeben wurden. Dabei gibt die Aktienanzahl, die ein Gesellschafter besitz, auch seinen Anteil am Unternehmen an. Wenn Sie jetzt beispielsweise 100 Aktien an unserem Unternehmen besitzen, die einem Wert von 3 000 € entsprechen würden, gehört Ihnen laut folgender Rechnung ein Anteil von 0,0002 % an diesem Unternehmen:

$$\frac{\text{Die Anzahl der Aktien, die Sie besitzen}}{\text{Gesamtaktienanzahl}} = \frac{100}{500\,000} = 0{,}0002\ \%$$

Verschiede Arten von Aktien

Aktien werden unter verschiedenen Bedingungen ausgegeben. Kennzeichnend sind hier drei Arten von Aktien:

1. Inhaberaktie

2. Namensaktie

3. Vinkulierte Namensaktie

Grundsätzlich unterscheidet man hier diese drei verschiedenen Aktien nach ihrer Übertragbarkeit. Eine Inhaberaktie ist die gängigste Form der Aktie. Mit ihr hat der Inhaber alle Rechte eines Anteilseigners. Bei dieser Aktie ist nicht immer zu jeder Zeit bekannt, wer diese Aktie besitzt, da sie frei übertragbar ist beziehungsweise verkauft werden kann, ohne dass die Übertragung dem Unternehmen mitgeteilt werden muss. Im Gegensatz zur Inhaberaktie ist bei der Namensaktie, wie die Bezeichnung schon vermuten lässt, der Inhaber bekannt. Sein Name wird im Aktienbuch eines Unternehmens geführt. Damit ist beim Verkauf der Aktie die Mitteilung an das Unternehmen erforderlich. Der Prozess der Übertragung übernimmt die buchführende Instanz, meist eine Bank. Bei der vinkulierten Namensaktie ist der Name des Eigners auch im Aktienbuch eingetragen. Ihr besonderes Merkmal ist, dass sie nicht frei übertragen werden kann und die Übertagung nur im Einverständnis des Unternehmens möglich ist. Die vinkulierte Namensaktie ist eine Aktienform, die es Unternehmen erlaubt, gewisse Anteile im eigenen Kreis beizubehalten, um übernahmen durch andere Akteure zu verhindern. Neben diesen drei Aktienarten gibt es noch zwei weitere übergeordnete Unterscheidungen. Beim Kauf einer Aktie können Sie entweder eine Stammaktie oder eine Vorzugsaktie erwerben. Bei der Stammaktie handelt es sich um eine Beteiligung mit Stimmrecht. Vorzugsaktien weisen dieses Merkmal nicht auf und dies spiegelt sich auch in ihrem Preis wider. Sie ist günstiger als die Stammaktie und hat meist einen anderen Kursverlauf, da Angebot und Nachfrage bei ihr eine andere Dynamik im Vergleich zur Stammaktie aufweisen.

Aktiengesellschaften halten einmal im Jahr eine Hauptversammlung ab, wo zwar alle Aktionäre eingeladen sind, aber nur die Stammaktionäre ein Mitbestimmungsrecht bei Fragen, die das Unternehmen betreffen, erhalten. Um das fehlend Stimmrecht auszugleichen schütten Aktiengesellschaften höhere Gewinne an Vorzugsaktionäre aus. Hier und im geringeren Preis liegt ihr Vorteil beziehungsweise Vorzug. Für Kleinanleger ist sie die sinnvollere Option, da mit einer relativ geringen Anzahl an Aktien ihr Gewicht bei Abstimmungen, die das Unternehmen betreffen, so geringfügig ausfällt, dass ihre Stimme sich praktisch nicht mitbestimmend auswirkt.

Mit Aktien Geld verdienen?

Bei Aktien gibt es hauptsächlich drei Einnahmequellen:

1. Die sogenannte Dividende ist eine Beteiligung am jährlichen Geschäftsgewinn des Unternehmens
2. Aktienhandel an Börsen
3. Kaufen und Halten einer Aktie (langfristiges Investieren)

Bei der erstgenannten Einnahmequelle partizipiert der Anteilseigner am jährlichen Gewinn eines Unternehmens. Gewinne werden in Form einer Dividende ausgeschüttet. Dabei wird der über das gesamte Jahr erwirtschaftete Gewinn durch die Anzahl der ausgegebenen Aktien geteilt. Zur Illustration der Gewinnmöglichkeiten einer Aktie in Form von Dividenden hilft auch hier ein bescheidenes Rechenbeispiel. Nun, nehmen wir für unser Beispielunternehmen einen Jahresgewinn von 750 000 € an. Unter der Anwendung der oben genannten Aktienanzahl lässt sich die Dividende wie folgt ermitteln:

$$\text{Dividende} = \frac{\text{Gewinn eines Geschäftsjahres}}{\text{Anzahl der Aktien}} = \frac{750\,000\ €}{500\,000}$$
$$= 1{,}5\ €$$

An dieser Berechnung können Sie erkennen, dass die Dividende umgekehrt-proportional ist zur Aktienanzahl und dass je mehr Aktien ein Anteilseigner besitz, desto höher ist der jährliche Betrag den er gutgeschrieben bekommen. In diesem Beispiel bekommt jeder Anteilseigner eine Dividende von 1,50 € je Aktie, die er besitzt. Verluste dagegen spiegeln sich im reduzierten Buchwert der Aktie wider, das heißt nicht nur, dass keine Dividenden ausgeschüttet werden, sondern auch, dass der Wert einer Beteiligung am Unternehmen sinkt – auch dann, wenn die Beteiligung immer noch dieselbe Proportion aufweist.

Bei der zweiten Einnahmequelle wird die Aktie an einer Börse gehandelt, sofern das Unternehmen auf einer notiert ist. Überall da, wo es Aktiengesellschaften gibt, gibt es auch Börsen. In Deutschland gibt es neben der bekannten Deutschen Börse in Frankfurt, auch in anderen deutschen Großstädten Börsen, auf den Aktien gehandelt werden, etwa in Berlin, Hamburg, München und Düsseldorf. Die Börse ist ein Markplatz, auf dem sich Menschen, die eine

Aktie kaufen, und andere, die eine verkaufen wollen, treffen. Die Aufgabe der Börse ist es, Käufer und Verkäufer zusammenzuführen und eine Plattform zu bieten, auf der sich diese beiden Gruppen auf einen Preis einigen können. Die Umsetzung des Handels wird heutzutage mittels einer elektronischen Handelsplattform durchgeführt. An der Frankfurter Börse wird zum Beispiel die Plattform XETRA verwendet. Die Bezeichnung Xetra ist eine Abkürzung für Exchange Electronics Trading (elektronischer Börsenhandel).

Aktien die auf einer Börse gehandelt werden haben einen Aktienkurs. Dieser Kurs wird dort auf großen Tafeln abgebildet. Da Börsen Öffnungszeiten haben, werden häufig der Wert, mit dem eine Aktie in den Arbeitstag gestartet ist, und der Wert, mit dem Sie am selben Tag schließt, neben anderen Kennzahlen bei der Abbildung des Kurses angegeben. Dieser versteht sich als der Preis der Aktie. Hier ergibt das Produkt aus Aktienanzahl und Kurswert den Marktwert eines Unternehmens. Zum Beispiel hat BMW mit 1 229 965 Aktien und einem Kurs von 70,89 € einen Marktwert von 45,9 Mrd. € (stand 17. Februar 2020). Anders als beim Buchwert, der aus dem Kapital eines Unternehmens ermittelt wird, unterliegt der Kurswert dem Prinzip von Angebot und Nachfrage, das heißt, dass der

Kurswert Gegenstand einer prospektiven Einschätzung der Wirtschaftlichkeit eines Unternehmens ist. Mit anderen Worten, wenn viele Menschen glauben, dass ein Unternehmen in der Zukunft Gewinne erzielen wird, erhöht sich die Nachfrage und damit auch der Preis der Aktie. Im Umkehrschluss heißt das auch, dass Aktienhändler ihre Aktie eher verkaufen wollen, wenn für ein Unternehmen Verluste prognostiziert werden. In diesem Fall steigt das Angebot und der Preis sinkt dementsprechend. Im Folgen finden sie den Kursverlauf der BMW-Aktie über den Zeitraum einer Woche abgebildet:

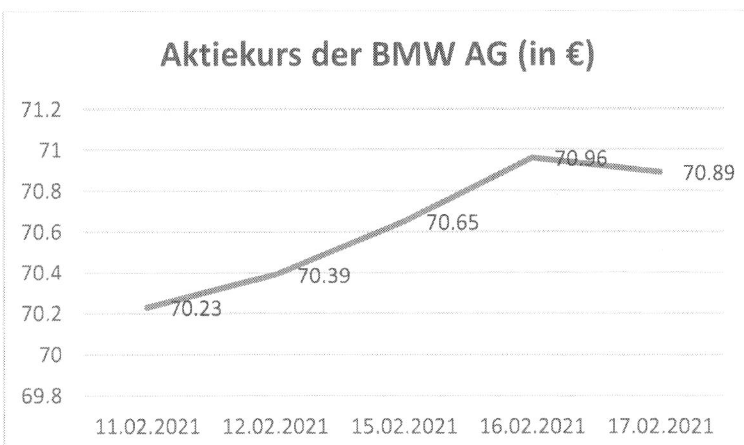

An diesem Diagramm erkennen Sie, dass der BMW-Aktienkurs innerhalb einer Woche um 0,66 € gestiegen ist. In diesem Sinne, lässt sich durch die Fluktuation des Kurswertes Gewinne erzielen. Nehmen wir einmal an, dass

Sie BMW-Aktien besitzen und Sie diese am 11.02.2021 gekauft hätten. Nun, wenn Sie diese Aktien am 16.02.2021 wieder verkauft hätten, wäre Ihnen ein Gewinn von 0,73 € pro Aktie gutgeschrieben worden. Im Wesentlichen ist der Aktienhandel ein Beobachten des Kurses und ein Abwarten des richtigen Zeitpunkts für einen Kauf beziehungsweise für einen Verkauf. Dabei gibt es unterschiedliche Strategien, wie Sie vorgehen können, um erfolgreich zu investieren. Sie können sich zum Beispiel auf täglicher Basis am Handel beteiligen, sprich in einer Art Vollzeitbeschäftigung. Für dieses Bestreben gibt es eine umfangreiche Auswahl an Trading-Plattformen, wo Sie sich als Trader anmelden und sich im Handel profilieren können. Von dieser Art des Aktiengeschäfts ist jedoch abzuraten, da es meist einer mühseligen Arbeit gleichkommt und Sie eine ungesunde Ausdauer mitbringen müssen, um sich hier zu behaupten. Vor allem für Anleger, die sich ein entspanntes Leben durch das Investieren erhoffen, sprich an Langzeitinvestitionen, die eine Rendite abwerfen, von der sie finanziell frei leben können, interessiert sind, eignet sich das Trading erfahrungsgemäß nicht.

Für die dritte Art des Geldverdienens mit einer Aktie gehen Sie im Prinzip wie beim Aktienhandel vor. Hier gibt es jedoch den Unterschied, dass Sie eine oder mehrere

Aktien für eine längere Zeit halten und nach Erreichung Ihres Zieles verkaufen. Natürlich hängt die relevante Zeitspanne von Ihren Zielen und dem Umfang Ihrer Investition ab. Bei höheren Beträgen ist es durchaus möglich, zeitnahe Renditen zu erzielen, die für eine komfortable Lebensgrundlage ausreichend sind. Jedoch belaufen sich hier die Beträge, die eine solche Lebensgrundlage bedienen könnten auf einen fünf- bist sechsstelligen Investitionsbetrag. Wer einen solchen Betrag aufbringen kann, der hat im Grunde genommen schon ausgesorgt. In dieser Hinsicht fokussiert sich dieser Ratgeber auf Strategien, die von jedem Interessierten angewendet werden können – sowohl von Menschen ohne Rücklagen als auch von denjenigen, die sich bereits ein bescheidenes Polster gefüllt haben. Bevor wir mit diesen Strategien, die Sie zu einem erfolgreichen Investor machen, fortfahren, ist es vorteilhaft eine weitere durchaus profitable Form des Börsenhandels zu erläutern, in der nicht Anteile an Aktiengesellschaften, sondern ETF-Aktien gehandelt werden.

Was sind ETFs?

ETF steht für Exchange Traded Fund. Dabei handelt es sich um einen Investmentfond in der Form eines Wertpapiers, dessen Wert an einen Index gebunden ist. Der Begriff ETF wird synonym mit Indexfond verwendet. Ein Indexfond steht repräsentativ für eine Auswahl an Aktien. Im Gegensatz zu konventionellen Investmentfonds, an dem der Anleger sich direkt über eine Investmentgesellschaft an einem Fond beteiligt, wird der ETF wie eine Aktie an der Börse gehandelt. Einen ETF kann man überall dort erwerben, wo auch Aktien verkauft werden. Viele Anleger kaufen ETFs bei einem kostengünstigen Online-Broker oder bei einer traditionellen Bank. Im engeren Sinne ist ein ETF eine Aktie oder eine Anleihe, die sich an einem Fond beteiligt. Anders als bei einer Beteiligung an einem einzelnen Unternehmen, setzen Sie hier als Anleger beispielsweise auf das Wachstum (oder die Rezession) einer Branche, etwa die Pharmaindustrie. In der Regel setzen sich Fonds aus Aktien zusammen, die einer bestimmten Kategorie angehören – einer Kombination aus Aktien, die einen Sektor oder einen Pool von Aktiengesellschaften, die beispielsweise in ihrem

Marktwert eine kategorische Größe aufweisen, repräsentieren. Für das Verständnis von EFTs erweist sich folgende Analogie als beispielhaft. Nehmen wir einmal an, Sie hätten einen Blumenstrauß, wo alle Blumen einer Gattung angehören. Wenn Sie sich jetzt vorstellen, dass jede Blume eine einzelne Aktie repräsentiert, dann würde ein ETF symbolisch für das Band stehen, dass den Strauß zusammenhält. Mit anderen Worten: Ein ETF ist eine Zusammenstellung von Aktien, die einem bestimmten Bereich der Wirtschaft angehören. Am häufigsten finden sich Fonds für folgende Kategorien:

- Pool aus Aktiengesellschaften, die einen ähnlichen Marktwert aufweisen

- Pool aus Aktiengesellschaften, die einer bestimmte Technologie oder Branche zuzuordnen sind

- Rohstoffe, etwa Gold und Erdöl

- Aktien, die einer bestimmten Wirtschaftsregion angehören (zum Beispiel China, USA, Europa)

Ein weiteres Merkmal eines ETFs ist, dass er passiv gehandelt wird, das heißt, dass Sie als ETF-Anleger den Handel einem automatisierten System überlassen. Ein

Vorteil der Automatisierung sind die geringeren Gebühren im Vergleich zum Handel, der von Maklern abwickelt wird. Die Automatisierung ist deshalb möglich, da die Aufgabe einer ETF-Plattform relativ einfach ist. Die Systeme verfolgen lediglich die Wertentwicklung eines Indexes. Der DAX (Deutscher Aktien Index) ist ein solcher Index. Er bildet die Kursverläufe der 30 größten Unternehmen in Deutschland ab.

Darüber hinaus gibt es auch Sonderformen von ETFs wie der Short ETF und der Leveraged ETF (gehebelter ETF). Bei diesen Anlagen handelt es sich um Spezialprodukte, die einen weitaus spekulativeren Charakter aufweisen. Ein Short EFT spiegelt die umgekehrte Wertentwicklung eines Indexes wider, das heißt, wenn der Index, auf den spekuliert wird, fällt, steigt der ETF. Erhöht sich dagegen der jeweilige Index, so erfährt der ETF eine Wertminderung. Short ETFs werden von Anlegern gekauft, die auf fallende Kurse setzen wollen. Beim Leveraged ETF ist die Kopplung an den Index etwas komplexer. Hierbei handelt es sich um ein Finanzprodukt, bei dem eine prozentuale Veränderung beim zugrundeliegenden Index zu einer vielfachen Veränderung im ETF führt. Diese Form des Fonds nutzt in der Regel Derivate und Kredite, um diese Vervielfachung zu erzielen. Short und Leveraged ETFs bieten einem Anleger die Möglichkeit, kurzfristig (im täglichen Handel) Gewinne zu erzielen, aber sie sind riskanter als die gängigen ETF-Formen. Hier sei auch bemerkt, dass diese beide Sonderformen aufgrund ihrer Konstruktionsweise als langfristiges Anlageprodukt ungeeignet sind.

In diesem Sinne ist es für Einsteiger sinnvoller, sich der gängigen Formen zu bedienen, um im Investmentgeschäft Fuß zu fassen. Ein weiterer Gesichtspunkt, der Privatanleger und besonders Einsteiger begünstigt, sind die Vorteile, die ETFs gegenüber dem Einzelaktienhandel haben. Folgende Vorteile sind kennzeichnend:

- Mit ETFs können Sie mit relativ niedrigeren Investmentbeträgen in eine Vielzahl von Aktien gleichzeitig investieren.

- EFTs erlauben eine Streuung Ihrer Investition, was die Renditechancen erhöht.

- Es gibt kein Emittentenrisiko, das heißt, dass die Wertentwicklung eines ETFs nicht durch die Insolvenz seines Anbieters beeinträchtigt wird, da der Anbieter den Fond als separates Sondervermögen führt und diesbezüglich lediglich als Verwalter tätig wird.

Ein weiterer Vorteil von EFTs ist ihr geringer Preis im Vergleich zu konventionellen Fonds, was sich langfristig ebenfalls günstig auf die Rendite auswirkt.

Der Erfolgreiche Investorgeist

Nachdem wir uns allgemein mit den Begrifflichkeiten, die Aktien und ETFs betreffen, befasst haben, haben wir eine Grundlage geschaffen, um uns der Strategien zu widmen, wie Sie ein erfolgreicher Investor werden. Zunächst ist es wichtig, dass Sie ihre Investitionsziele kennen und dass sie Ihre Erwartungen an das Geschäft mit Aktien und Fonds anpassen. Haben Sie sich schon gefragt, was Sie als Investor erreichen wollen? Nun, dazu müssten Sie wissen, welches Potenzial das Inverstieren in sich birgt. In dieser Hinsicht bietet diese Art des Geldverdienens viele Möglichkeiten, um langfristig aber auch kurzfristig Profit zu schlagen, ganz gleich ob Sie die Inflation ausgleichen oder eine Einnahmequelle schaffen wollen, mit der Sie Ihren Lebensunterhalt bestreiten können und die Ihnen ein Leben, dass frei von finanziellen Sorgen ist, ermöglicht. Dieses Bestreben ist ein legitimes Ziel und seine Umsetzung im Anlagegeschäft ist definitiv möglich, wenn nicht unvermeidlich, wenn Sie die richtigen Strategien anwenden. Diese Strategien existieren und Sie werden von erfolgreichen Anlegern angewandt. Bevor wir uns aber an diese praxisorientierten Erfolgsrezepte antasten, ist es zweckmäßig, dass Sie sich der Grundhaltung, die erfolgreiche Investoren meist gemeinsam haben, bewusst werden und sich ihr idealerweise öffnen. Grundsätzlich haben erfolgreiche Anleger eine weit opportunistische Auffassung vom Anlagegeschäft im Vergleich zu anderen Menschen, die diesem Geschäft häufig misstrauisch gegenüberübertreten. Dieses Misstrauen findet sich in großen Teilen der deutschen Bevölkerung wieder, wo das Anlagegeschäft einen schlechten Ruf hat. Viele Menschen stellen sich ein riskantes Glückspiel vor, wenn Sie an die Börse und andere Finanzgeschäfte denken. Das liegt oft daran, dass viele Menschen nur ein vages Verständnis davon haben, wie das Anlagegeschäft funktioniert und welche Chancen es bietet. Dieses Versäumnis hat zum Teil auch die deutsche Bildungskultur zu verantworten, da diese Thematik in Pflichtschulen kaum behandelt wird. Ein anderer Faktor ist die Repräsentation in den Medien, die häufig mit einer emotionalisierten Berichterstattung dazu beitragen, diesen skepsisbehafteten Ruf zu schüren. Doch in einer nüchternen Beurteilung ist die Skepsis unbegründet, denn, wenn man die Fakten betrachtet, verhalf dieses Geschäft vielen Menschen zu einem Leben in finanzieller Freiheit. In diesem Sinne ist der Einstieg in die Investmentbranche definitiv eine Antwort auf die Frage nach Wohlstand und Unabhängigkeit. Dabei ist mit der richtigen Einstellung schon die halbe Miete bezahlt, denn beim Anlegen unterscheidet sich der Investor von einem Skeptiker durch seine Selbstauffassung. Im Gegensatz zum Skeptiker, der Banken und Börsen oft mit Kasinos vergleicht, tritt der Investor dieser Branche als Opportunist gegenüber. Er greift zu, wenn er seine Chance erkennt. Im Folgenden finden Sie Merkmale, die einen Investorgeist auszeichnen, aufgeführt:

- Evaluierung von Ausgaben: Ein Investor evaluiert jede Anschaffung nach ihrem Werterhalt. Er weiß zum Beispiel, dass der Kauf eines Pkw, ein Verlustgeschäft ist, da das Fahrzeug verschleißt und an Wert verliert. Außerdem ist das Führen eines Fahrzeugs mit Wartungs- und Benzinkosten verbunden, die in ihrer Summe, einen erheblichen Teil eines durchschnittlichen Einkommens ausmachen. Dieses Geld würde in einer gut platzierten Investition Wunder wirken. In dieser Hinsicht weiß ein Investor auch, dass Kredite, Käufe auf Raten, impulsives Shoppingverhalten nicht seinem Investorinteresse dienen. Nach seiner Auffassung repräsentieren diese Handlungen das Gegenteil einer Anlage, denn auf Dauer nagen sie an den Ressourcen, mit den er seine großen Ziele im Leben erreichen könnte.

- Eine Investormentalität betont die Freiheit in Bezug auf Arbeit: In den meisten Fällen ist das lebenslange Arbeiten die nüchterne Alternative zum Investieren. Eine Anstellung in einem Büro oder Betrieb sieht häufig so aus, dass Sie ein Drittel ihrer Lebenszeit dafür aufwenden, um das zweite Drittel damit verbringen zu können, sich den Dingen zu widmen, die Ihnen außerhalb Ihrer Erwerbstätigkeit Lebensfreude bereiten. Mit einer adäquaten Investitionssumme können Sie sich der Verpflichtung, einer zeitraubenden Arbeit nachzugehen, entledigen. Damit sei nicht gesagt, dass es keine Arbeit gibt, die einen glücklich macht, sondern, dass das Investieren Ihnen Zeitfenster öffnet, in denen Sie den Beschäftigungen nachgehen können, die Ihnen Lebenssinn schenken.

- Ein Investor kümmert sich um seine Anlagen: Viele Menschen machen den Fehler, dass Sie beim Investieren sich vollständig auf Dritte verlassen. Als Anleger sollten Sie sich aktiv um ihre Investitionen kümmern und sie im Blick behalten. Es ist nicht Sinn der Sache, dass Sie ihre ganze Investitionssumme einem Broker überlassen in der Hoffnung, dass schon alles gut gehen wird. Indem sie sich aktiv mit Ihren Investitionen auseinandersetzen, vermeiden Sie Überraschungen und Enttäuschung. Darüber hinaus lernen Sie auch das Handwerk des Investierens besser kennen, indem Sie Fehler erkennen und dementsprechend handeln. Außerdem sollten Sie sich im Klaren sein, dass der Broker, den Sie beauftragen, einen anderen Bezug zu Ihrem Geld hat als Sie.

- Ein Investor ist kein Sparer: Betrachtet man heute die stetig niedrigen Zinsen und die meist unterschätze Inflation ist das Sparen im Sinne eines Sparbuches oder Tagesgeldkonto ungeeignet, um die Renditen zu erzielen, die langfristig zur ersehnten finanziellen Freiheit führen. Hier scheint eine Inflation von 2 % über das Jahr gesehen keine erhebliche Minderung zu sein, aber über lange Zeiträume sieht das natürlich anders aus. Zum Beispiel konnte man in den USA im Jahr 1971 eine Unze Gold für etwa 31 $ kaufen. Heute liegt der Preis nahe bei 1400 $. Das ist eine Geldwertminderung beziehungsweise ein Preisanstieg von 4 500 %.

Wie bei vielen ambitionierten Dingen im Leben liegt auch hier der Unterschied zwischen Erfolg und Misserfolg in der Mentalität. Erfolgreiche Investoren sehen sich nicht als Verdiener, Lohnarbeiter oder dergleichen, sondern als Optimisten, die ihr Geld für sich arbeiten lassen. Sie antizipieren das Risiko und lassen sich nicht unterkriegen, wenn mal eine Investition keine Früchte trägt. Lassen auch Sie sich nicht entmutigen, wenn es einmal nicht klappt. Sie lernen von diesen Fehlschlägen und gehen mit dem Gelerntem mit besseren Chancen in die nächste Investition. Legen auch Sie jetzt die Verdienermentalität ab und fangen Sie an, wie ein Investor zu denken. Diesen Geist werden Sie sich mit der Zeit aneignen, nachdem Sie Ihre erste Investition gemacht haben und den Willen bewiesen haben, dass Sie sich in diesem Geschäft profilieren wollen. Wo man am besten anfängt und welche Praxistipps es zu beherzigen gilt, erfahren Sie im nächsten Abschnitt.

Strategien und Einsteigertipps für das Investieren in ETFs und Aktien

Kein Geld zu haben ist keine Entschuldigung – heute ist es bereits mit einem monatlichen Aufwand von 25 € möglich, als Investor durchzustarten. Wenn Sie jung sind, dann ist das durchaus eine Einstiegsmöglichkeit, denn, wenn Sie noch 30 oder 40 Jahre vor sich haben, bevor Sie das Rentenalter erreichen, werden Sie bei einer Investition in dieser Größenordnung und einer moderaten Risikobereitschaft vom Zinseszins profitieren. Hier bietet es sich an, dass Sie zur konkreten Ausführung Ihrer Investitionsbestrebungen entweder eine traditionelle Bank oder eine der vielen virtuellen Plattformen, die von Banken sowie Direktbanken betrieben werden, besuchen. Letzteres ist tendenziell die bevorzugte Wahl, da Sie sich auf diesen Portalen ein sogenanntes Depot eröffnen können. Mit einem solchem Depot können Sie börsengehandelte Aktien sowie andere Anlageklassen kaufen, verkaufen oder auch im Sinne einer Langzeitinvestition halten. Darüber hinaus dienen diese Plattformen als eine Art Knotenpunkt für all

Ihre Investitionen in börsengehandelten Aktien. Ein Knotenpunkt meint in diesem Kontext eine zentralisierte Benutzeroberfläche, auf der Sie alle Ihre Wertpapiere im Überblick behalten und analysieren können. Auch aufgrund ihrer benutzerfreundlichen Bedienung und der vielen Funktion sind diese Plattformen der ideale Ort, um in das Anlagegeschäft einzusteigen. Im Folgenden finden Sie eine Liste von seriösen und fairen deutschen Online-Anbietern, die ein solches Depot anbieten:

- Comdirekt
- Censorsbank !
- Smartbroker
- AGORAdirect
- flatex

Indem Sie sich dafür entschieden haben, in das Anlagengeschäft einzusteigen, wählen Sie einen Weg, der eventuell zu mehr Lebensqualität und Glück führt. Wenn man hier im Allgemeinen Investoren mit Verdienern vergleicht, hat der Verdiener meist folgende Nachteile im Leben, die der Investor vermeiden kann:

- Das Erfordernis, ein ganzes Leben lang Arbeiten zu müssen, wenn man einen zivilisierten Lebensstandard anstrebt.

- Arbeitnehmer sind häufiger von Geldsorgen betroffen.

- Arbeitnehmer sind häufiger auf Familienmitglieder und Freude angewiesen.

- Der Mangel an Geld zeigt uns oft Grenzen auf. Dies ist bei Arbeitnehmern häufiger der Fall als bei Investoren.

- Wahre Freiheit beziehungsweise Unabhängigkeit ist tendenziell einfacher zu erreichen, wenn man die entsprechenden finanziellen Mittel hat.

- Arbeitnehmer, die sich im Alter auf die Rente verlassen, müssen damit rechnen, dass sich die Rentensituation aufgrund der demographischen Entwicklung verschlechtern wird. Investoren, die früh mit Anlagen anfangen, haben meist vorgesorgt.

Die oben aufgeführten Punkte, die für den Wechsel vom Arbeitnehmer zum Investor sprechen, sind nur einige Aspekte, die Sie dazu motivieren sollen, Ihre erste

Investition zu tätigen. Natürlich sind die Umstände, die der Bedarf an Geld hervorruft, von Person zu Person verschieden, aber im Allgemeinen stehen Sie besser da, wenn Sie sich ein finanzielles Polster anlegen, auf dem Sie entspannt liegen und sich den Dingen widmen, die Ihnen wichtig sind. Doch bevor Sie Ihre erste Investition machen und dieses Polster füllen, sollten Sie folgende Dinge beherzigen:

- Verstehen Sie in was Sie investieren. Lernen Sie möglichst viel über das Anlageprodukt. Es schadet auch nicht, wenn Sie sich allgemein über das Investieren informieren. Bei einzelnen Aktien in Aktiengesellschaften ist es hilfreich, wenn Sie die Geschäftsberichte beziehungsweise Analystenbewertung durchlesen. Bei Fonds und ETFs gibt es in der Regel Broschüren, die Sie über das Produkt aufklären. Umso mehr Sie über die Anlage wissen, desto einfacher wird es Ihnen fallen, sich für oder gegen die jeweilige Anlage zu entscheiden. Darüber hinaus sollten Sie es vermeiden, blind auf Werbeversprechen einzugehen, denn nicht immer ist drin, was draufsteht.

- Stehen Sie zu Ihren Entscheidungen. Machen Sie niemand anderes dafür verantwortlich, wenn es einmal nicht klappt, da im Regelfall ausreichend Informationen über die Risiken zur Verfügung stehen. Sie allein sind verantwortlich für Ihre Entscheidungen. Beweisen Sie Integrität und stehen Sie zu ihnen. Ein Bankkaufmann oder dergleichen macht nur seine Arbeit und in dieser Branche gehört es dazu, dass Investitionen nicht immer nach Plan verlaufen. Dies ist besonders der Fall, wenn Sie kurzfristig mit Aktien Handel betreiben, da diese Form des Aktienhandels einen spekulativen Charakter hat.

- Setzen Sie nicht alles auf eine Karte. Ein kluger Investor diversifiziert, das heißt, dass er seine Investitionen streut, um Verluste in einer Anlage mit Gewinnen einer anderen auszugleichen. Auch das streuen in verschiedene Anlageklassen erscheint vernünftig, da Sie so verschiedene Wirtschaftsbereiche decken, die in der Regel nicht alle zur gleichen Zeit von einer eventuellen Krise betroffen sind. Zum Beispiel können Sie Ihre Investitionssumme gleichmäßig auf

Unternehmensaktien, EFTs, Rohstoffe, Immobilien etc. verteilen.

- Ziehen Sie eine langfristige Strategie in Erwägung. Grundsätzlich ist das langfristige Anlegen sicherer und rentabler als der spekulative Aktienhandel, da über längere Zeiträume die Märkte im Regelfall eine positive Entwicklung verzeichnen – mindestens fünf Jahre und aufwärts. Über kurze Intervalle sind abrupte Kursveränderungen üblich und mit einer langfristigen Investition können Sie diesen Schwankungen entspannter begegnen. Diese Aussage kann durchaus so gelten, da uns die Geschichte gelehrt hat, dass eine Wirtschaft sich selbst reguliert und immer wieder in Lage ist, sich nach einer Krise zu erholen und zu wachsen. Im Gegensatz dazu sind der rege Kauf und Verkauf von Aktien über kurze Zeiträume rein spekulativ und können kaum noch mit dem Begriff der Investition umschrieben werden. Bei dieser Art des Handels stehen Risiko und Rendite nicht mehr in einem vernünftigen Verhältnis zueinander. Wenn Sie diesen Handel betreiben wollen, ist es sinnvoll, keine Gelder, die für Ihre langfristigen Lebensziele von Bedeutung sind, zu nutzen, etwa Ersparnisse, mit den Sie beispielsweise ein Eigenheim erwerben wollen, und Ähnliches. Verwenden Sie hier zum Beispiel Mittel, die im Volksmund salopp mit Kosten für „Späßen" bezeichnet werden. Damit sind hier Gelder gemeint, die Sie leichter entbehren können (Kosten für Restaurantbesuche, Kinos, Urlaub, etc.).

- Machen Sie sich klar, warum Sie investieren. Wer seine Ziele klar vor Augen hat, der ist in der Regel geduldiger und motivierter. Solche Ziele könnten etwa die Altersvorsorge oder der Wunsch nach finanzieller Freiheit sein. Ganz gleich, was Sie mit dem Anlegen erreichen wollen, allgemein gilt, dass deutlich formulierte und erkannte Ziele beim Anlegen Ihre Fähigkeit begünstigen, mit Rückschlägen gelassener umzugehen. Darüber hinaus sollten Sie sich auch Ihrer Risikobereitschaft bewusst sein, um böse Überraschungen zu vermeiden, die eventuell Umstände, die Ihre Lebensqualität beinträchtigen, nach sich ziehen könnten. Um herauszufinden, wie risikofreudig Sie sind, können Sie den Versuch anstellen, Ihre emotionale Reaktion auf bestimmte Eventualitäten wie Kursschwankungen oder Krisen einzuschätzen. Hier erscheint es auch zweckmäßig, wenn Sie am

Anfang Ihrer Karriere als Investor mit einer kleinen Investition in eine Auswahl von Anlagen mit unterschiedlichen Risiken beginnen. So finden Sie schnell heraus, welche Emotionen die Dynamik an den Märkten bei Ihnen auslöst. Sollten Sie bereits wissen, dass Sie nicht darauf aus sind, riskantere Anlagen in Betracht zu ziehen, ist es zu empfehlen, dass Sie Ausdauer beweisen und auf langfristige Anlagen setzen, mit den Sie in der Regel sicherer fahren.

- Achten Sie auf Gebühren und Steuern, die Sie für Anlageprodukte entrichten müssen: Im Regelfall fallen für das Investieren in Aktien und Fonds Gebühren und Steuern an. Berücksichtigen Sie diese zusätzlichen Kosten sowie die Inflation in Ihrer Renditerechnung. Besonders beim regelmäßigen Handel mit Aktien fallen diese Kosten schwer ins Gewicht, da sie für jede Transaktion berechnet werden. Nicht umsonst gibt es in der Börsenkultur den Spruch „Hin und Her macht Taschen leer". Um diese Taschen zu schonen, empfiehlt es sich, dass Sie verschiedene Anbieter miteinander vergleichen. Oft sind Online-Anbieter beziehungsweise Direktbanken günstiger als Filialbanken. Die

Gebühren erklären sich dadurch, dass beim Kauf eines Wertpapiers Kosten für die Anbieter entstehen, die Sie als Kunde in Form einer Provision ausgleichen. Diese fällt je nach Höhe des Betrages unterschiedlich aus. Beispielsweise berechnen viele Filialbanken eine Provision von 100 € auf einen Aktienkauf im Wert von 10 000 €. Für Beträge unter 5 000 € sind bei Filialbanken Gebühren von 30 bis 50 € üblich. Direktbanken dagegen haben den Vorteil der Einsparung von Personalkosten und deshalb fallen bei Ihnen geringere Gebühren an – Provisionen unter 30 € sind hier gängig und angemessen. Bei Direktbanken fehlt zwar die persönliche Beratung, doch dank der heutigen umfassenden Verfügbarkeit von Informationen sind Direktbanken eine günstige und gleichwertige Alternative zu traditionellen Banken, welche in der Regel auch als Direktbanken agieren. Im Gegensatz zu Provisionen, die meist als Bemessungspauschale abgerechnet werden, ist die Höhe der Steuern in Deutschland abhängig vom Gewinn, den Sie mit einer Anlage erzielen. Die sogenannte Kapitalertragssteuer beträgt derzeit 25 % auf alle Gewinne, die Sie aus Anlagen innerhalb eines Jahres schlagen. Neben dieser Steuer ist der Solidaritätszuschlag und gegebenenfalls auch die Kirchensteuer zu entrichten. Die Bemessungsgrenze liegt bei 801 €, das heißt, Gewinne, die diesen Betrag im jeweiligen Jahr nicht überschreiten, bleiben steuerfrei. Unter besonderen Umständen sind auch Geringverdiener von der Steuer befreit.

- In der Ruhe liegt die Kraft: Mit einem hitzigen Gemüt ist beim Investieren keinem gedient. Besonders im täglichen Geschäft an den Börsen kann es schon einmal vorkommen, dass Emotionen den Ton angeben. Hier gilt es einen kühlen Kopf zu bewahren und keine überstürzten Entscheidungen zu treffen, wenn es zu Schwankungen an den Märkten kommt. Sie sind gut beraten, wenn Sie sowohl bei Kursabfällen Panik als auch bei steigenden Kursen Übereifer vermeiden, denn es kommt nicht selten vor, dass Börsianer eilig mit Verlusten verkaufen oder aus Gier am Ende alles verspielen. Bleiben Sie in turbulenten Phasen unbeeindruckt und konzentrieren Sie sich auf Ihr Investitionsziel. Erwägen Sie erst dann eine erneute Evaluation, sobald Sie Ihr ursprüngliches Ziel erreicht haben. Der Brunnen aus dem Sie diese Gelassenheit schöpfen können, ist die Recherche, die Sie vor der Investition angestellt haben. Je mehr Sie über die Anlage wissen, desto wahrscheinlicher ist es, dass Sie die richtigen Entscheidungen treffen werden. Eine fundierte Recherche ist im Gegensatz zu Gerüchten und affektiven Beurteilungen von Kurschwankungen die weisere Grundlage für Ihre Entscheidungen.

- Üben Sie sich in Skepsis gegenüber Expertenmeinungen, da es in diesem Geschäft selbsternannte Propheten in Hülle und Fülle gibt, die jede Gelegenheit ergreifen, um sich medienwirksam zu profilieren. Das soll aber nicht heißen, dass Sie nicht von anderen lernen können. Hier wird lediglich darauf hingewiesen, dass Sie die Absichten dieser Menschen hinterfragen sollten. Fragen Sie sich, warum sie ihr vermeintliches Insiderwissen nicht für sich selbst behalten, um damit sagenhafte Profite zu schlagen, denn auf den Finanzmärkten ist mit dem, was die wenigsten wissen, das meiste Geld zu verdienen. Zur Veranschaulichung, warum hier eine Skepsis sinnvoll ist, soll folgende Analogie herangezogen werden: Stellen Sie sich ein Pferderennen vor, wo es favorisierte Pferde gibt. Die

Wetten, die auf diese Pferde gesetzt werden, haben eine geringere Gewinnausschüttung als Wetten, die auf Pferde gesetzt werden, die nicht als Favoriten gelten. Sollte es hier nun einen heißen Tipp in Bezug auf ein unscheinbares Pferd geben und sollte dieses Pferd auch tatsächlich das Rennen machen, so würden diejenigen, die um den Tipp wissen und ihn umsetzen, ein Vielfaches ihres Einsatzes erzielen. Dabei gilt, umso mehr Menschen auf das unscheinbare Pferd setzen, desto mehr Menschen müssen sich den Jackpot teilen. Überträgt man das nun auf unseren Börsenexperten, so kann man durchaus die Frage stellen, warum er seinen „heißen Tipp" nicht für sich behält.

- Ohne Risiko, keine Rendite: Sie sollten sich im Klaren darüber sein, dass die Rendite in einer untrennbaren proportionalen Korrelation zum Risiko steht. Betrachtet man das Investieren in seinem abstrakten Grundverständnis, könnte man es als ein Wetten auf die steigende oder sinkende Nachfrage eines Wirtschaftserzeugnisses umschreiben, sei es ein Produkt, Rohstoffe, eine Dienstleistung oder ein Unternehmen, das einen ökonomischen Mehrwert erzeugt. Wie wir wissen, hängt diese Nachfrage von vielen Faktoren wie politische Unruhen, Kriege, bilaterale Handelsbeziehungen, technologische Innovationen, sozio-ökonomische Trends, etc. ab. Die Einschätzung dieser Faktoren ist häufig schwierig und dementsprechend gestaltet sich das Risiko.

- Es empfiehlt sich, dass Sie Ihre Gewinne erneut investieren. Bei der Reinvestition profitieren Sie nicht nur von der Tatsache, dass Sie Ihre Gewinne nicht anderweitig verschleudern, sondern auch vom einem höherem Absolutbetrag Ihrer Renditen, da hier der Zinseszinseffekt zur Geltung kommt. Besonders bei dem Bestreben, langfristig Vermögen aufzubauen, schaffen Sie damit günstige Bedingungen, da der Zinseszinseffekt Ihr Anlagedepot exponentiell wachsen lässt. Dies ist allerdings nicht der Fall, wenn Sie Ihre Gewinne aus den Anlagen entnehmen, da hier die Voraussetzungen für das Prinzip des exponentiellen Wachstums nicht gegeben sind und Ihr Anlagedepot lediglich additiv wächst.

- Studieren geht über Probieren: Fangen Sie so früh wie möglich an. Ganz gleich, wie sehr Sie sich der

Theorie annehmen, die Erfahrung bleibt das Produkt der Praxis. Durch sie werden Sie zur finanziellen Weisheit eines gewieften Investors gelangen, indem Sie Erfolge sammeln und aus Rückschlägen lernen. Ideal ist es, wenn Sie sich beidem gemeinsam widmen, der Theorie und der Praxis. Mit dieser Strategie werden Sie in wenigen Wochen und Monaten zum geübten Investor, der sich auf seine Erfahrung und sein Können verlassen kann und der kein Glück oder Talent braucht, um seine Ziele zu erreichen.

Indikatoren für eine Einschätzung des Trends einer Aktie

In diesem Abschnitt widmen wir uns der Indikatoren beziehungsweise der Kennzahlen, die Aufschluss darüber geben können, wie sich ein Trend einer Aktie einschätzen lässt, insbesondere Aktien, die einen Anteil an einem Unternehmen darstellen. Zunächst ist es aber wichtig zu verstehen, dass ein Indikator an sich nicht genügt, um adäquate Prognosen aus ihm abzuleiten, da man diese Kennzahlen immer in ihrem Kontext betrachten muss, das heißt, dass man beispielsweise eine Art des Indikators zwischen diversen, zur selben Branche gehörenden Unternehmen vergleicht. Es wäre zum Beispiel unvernünftig die Kennzahlen eines Pharmaunternehmens mit den Zahlen eines Autobauers zu vergleichen, da hier die Indikatoren sehr unterschiedlich ausfallen können. Diese Unterschiede sind zunächst einmal dadurch zu erklären, dass neben der offensichtlichen Tatsache, dass unterschiedliche Wirtschaftserzeugnisse angeboten werden, in den verschiedenen Branchen auch unterschiedliche Geschäftsmodelle zur Anwendung kommen und dass je nach Geschäftsmodell und Wirtschaftserzeugnis eine Abhängigkeit zur Gesamtwirtschaftslage besteht. Das heißt, dass ein Unternehmen, welches beispielsweise Zahnpasta herstellt, im Vergleich zu einer Fluggesellschaft kaum von den Schwankungen der Konjunktur betroffen sein dürfte, denn Zahnpasta ist ein Produkt, dessen Nachfrage im Regelfall stets stabil ist, was für das Flugreisen erfahrungsgemäß nicht der Fall ist, da die Reiselust der Menschen oft in Rezessionsphasen zurückgeht. Man denke hier beispielsweise an die Finanzkrise von 2009, in der die Passagierzahlen in Deutschland im ersten Quartal 2009 im Vergleich zum Vorjahresquartal um 9,3 % gesunken sind. In dieser Hinsicht ist es wichtig, dass man versteht, in was man investiert, und das Gesamtbild eines Unternehmens betrachtet, also eine gründliche Recherche in Bezug auf das Unternehmen anstellt, denn dann haben die Kennzahlen auch eine Aussagekraft, mit der man prospektive Einschätzungen unternehmen kann. Im Wesentlichen sollte die Recherche unter anderem folgende Fragen beantworten:

- Welches Geschäftsmodell verfolgt das Unternehmen um Geld zu verdienen?

- Welche Dienstleistung oder Gut bietet das Unternehmen an und welche Nachfrage gibt es für dieses Wirtschaftserzeugnis?
- Wie hoch ist der Marktanteil dieses Unternehmens?
- Wie behauptet sich das Unternehmen im Wettbewerb, sprich wie schneidet es im Vergleich zu seinen Konkurrenten ab?
- Was sind die Besonderheiten des Marktes an dem sich das Unternehmen beteiligt?
- Wie entwickelt sich das Unternehmen im Vergleich zu der Entwicklung seines Marktes?

Nun, bei der Erläuterung der Kennzahlen ist es zur besseren Veranschaulichung sinnvoll, wenn wir sie in die Kategorien Profitabilität, Bilanz und Bewertung einteilen. Letzteres meint die Kennzahlen, die eine Einschätzung des Marktwertes eines Unternehmens erlauben.

Profitabilitätskennzahlen:

Der **Umsatzwachstum** meint die zu verschiedenen Zeitpunkten verglichene Umsatzzahlen, sprich die Summen aller Erlöse, die das Geschäft des Unternehmens erzielt hat.

Die **EBITDA-Marge** berechnet sich aus dem Quotienten aus EBITDA (Earnings Before Income Tax Depriciation and Amortization) und Umsatz. Vereinfacht ausgedrückt betrachtet man hier das Verhältnis aus Umsatz und Umsatz abzüglich aller direkten Geschäftskosten (Kosten für Rohstoffe, Personal, Strom, Wasser, etc.)

Die **Eigenkapitalrendite** berechnet sich aus dem Quotienten aus Jahresgewinn, auch Jahreserlös genannt, und dem Eigenkapital eines Unternehmens. Unter Jahresgewinn versteht man den Geldbetrag, der nach Abzug aller für das Unternehmen anfallenden Kosten verbleibt (es ist dieser Betrag, der die Höhe der Dividende bestimmt). Bei dieser Kennzahl handelt es sich um das Verhältnis zwischen dem Eigenkapital und dem Gewinn des Unternehmens. Hier ist Vorsicht geboten, da es legale buchhalterische Tricks gibt, dieses Verhältnis in gutem Licht darzustellen, auch wenn die zugrundeliegenden Zahlen eine andere Realität repräsentieren.

Bilanzkennzahlen (Indikatoren für finanzielle Stabilität):

Die **Eigenkapitalquote** lässt sich aus dem Quotienten aus Eigenkapital und der Bilanzsumme, also der Summe aus Eigen- und Fremdkapital (Kredite und Schuldverschreibungen) ermitteln. Diese Quote gibt Aufschluss darüber, inwieweit ein Unternehmen fremdfinanziert ist, sprich in welchem Ausmaß es verschuldet ist. Erfahrungsgemäß sollte diese Quote nicht unter 25 % liegen, da umso höher der Eigenkapitalanteil ist, desto stabiler dürfte das Unternehmen sein.

Das **Gearing** lässt sich aus dem Quotienten aus verzinsten Schulden (Kredite und dergleichen, aber nicht betriebsrelevante Schulden, etwa Verpflichtungen an einen Lieferanten) abzüglich der liquiden Mittel und dem Eigenkapitel berechnen:

$$\frac{\text{Verzinste Schulden} - \text{Liquidität}}{\text{Eigenkapital}} = \text{Gearing}$$

Unter Liquidität versteht man alle unmittelbar verfügbaren Finanzmittel (Bargeld und Guthaben auf Bankkonten). Hier gilt, dass umso niedriger das Gearing ist, desto kleiner ist die Verschuldung des Unternehmens. Sollte es dabei einen negativen Wert annehmen, hat das Unternehmen mehr Liquidität als verzinste Schuldverpflichtungen. Ein solcher Mehrbestand an Finanzmitteln ist eventuell nicht im Interesse der Anteilseigner, da mit dem überschüssigen Geld Potenziale, dass Geschäft zu erweitern, was mehr Renditen ermöglichen könnte, ungenutzt bleiben. Je nach Branche liegt ein angemessenes Gearing irgendwo im Bereich von 10 bis 40 %.

Bewertungskennzahlen:

Die **Marktkapitalisierung** meint den Marktwert eines Unternehmens. Dieser Wert lässt sich aus dem Produkt aus Gesamtaktienanzahl und dem aktuellen Aktienkurs berechnen und er gibt Aufschluss darüber, in welchem monetären Gesamtumfang ein Unternehmen an den Börsen gehandelt wird. Die Marktkapitalisation unterscheidet sich vom tatsächlichen Unternehmenswert, der hier im folgenden Punkt als Bewertungskennzahl genannt werden soll.

Der **Unternehmenswert** (im Englischen als Enterprise Value bezeichnet) berechnet sich wie folgt:

$$\text{Marktkapitalisierung} + \text{Fremdkapital} - \text{Liquidität} = \text{Unternehmenswert}$$

Mit dieser Kennzahl haben Sie einen Indikator, um den tatsächlichen Wert eines Unternehmens mit anderen zu vergleichen.

Eine weitere Kennzahl ist das Verhältnis zwischen **Unternehmenswert (EV) und Umsatz,** sprich der Quotient aus diesen beiden Größen. Mit diesem Indikator lässt sich ein Vergleich zwischen Unternehmen ziehen, der es erlaubt, die Wirtschaftlichkeit eines Unternehmens unter der Berücksichtigung der Proportion zwischen Unternehmenswert und Umsatz zu beurteilen, das heißt, dass diese Kennzahl eine Relation angibt und deshalb auch aussagekräftiger ist als die ihr zugrundeliegenden Werte. Je höher diese Kennzahl ist, desto höher wird das Unternehmen bewertet.

Das **Verhältnis zwischen Unternehmenswert und EBITDA**. Diese Kennzahl ist erfahrungsgemäß der am häufigsten herangezogene Indikator, mit dem man Unternehmen unter Berücksichtigung der Kosten, die ein Unternehmen hat, miteinander vergleicht, sprich die jeweiligen Kosteneffizienzen. Auch hier wirkt sich ein höherer Wert günstiger auf die Unternehmensbewertung aus.

Das **Kurs-Gewinn-Verhältnis** (KGV) ist wohl die prominenteste Kennzahl bei der Bewertung eines Unternehmens. Sie lässt sich wie folgt ermitteln:

$$\frac{Markkapitalisierung}{Jahresgewinn} = KGV$$

Diese Kennzahl gibt an, in welchem Verhältnis der Preis einer Aktie zu ihrer Rendite steht. Anhand dieser Zahl ist eine Einschätzung der Dauer, bis sich der Kauf dieser Aktie in Absolutbeträgen rentiert hat, möglich. Zum Beispiel würde sich der Kauf einer Aktie mit einem KGV von 7 nach sieben Jahren rentieren, sofern dieser Wert sich im Schnitt über die sieben Jahre nicht verändert hat. In anderen Worten können Sie anhand dieses Wertes die Rentabilität verschiedener Unternehmensaktien miteinander vergleichen. Ein Hacken am KGV ist die Möglichkeit seiner Manipulation durch das Unternehmen, über das es eine Aussage trifft, da Jahresgewinne von Unternehmen frisiert werden können. Hier gilt es, den Verlauf des KGVs über lange Zeiträume zu analysieren, um hinreichende Aussagen treffen zu können.

- Das Kurs-Buch-Verhältnis ergibt sich aus dem Quotienten aus Marktkapitalisierung und dem Eigenkapital. Dieser Indikator gibt das Verhältnis zwischen den börsengehandelten Gesamtwert eines Unternehmens und seinem in der Bilanz verzeichneten Eigenkapital an. Im Gegensatz zum Eigenkapital, dem tatsächlichen Unternehmenskapital, handelt es sich bei der Marktkapitalisation um einen projizierten Wert, also einer Kennzahl, die die Wertbeimessung durch den Aktienmarkt darstellt, das heißt, dass diese Kennzahl den antizipierten Marktwert des Unternehmens in der Zukunft repräsentiert. Hier gilt, umso kleiner das KBV, desto skeptischer betrachtet der Markt die Zukunftsaussichten eines Unternehmens.

- Das Kurs-Cashflow-Verhältnis ermittelt sich aus dem Quotienten aus Marktkapitalisation und Cashflow. Hier gibt der Cashflow an, wieviel Liquidität aus allen zuströmenden Mitteln tatsächlich im Unternehmen verbleibt, also das Ergebnis eines Kassensturzes, nachdem alle Ausgaben und Einnahmen getätigt wurden. Die Manipulation dieses Wertes ist schwierig, sodass er sich im Vergleich zum KGV eventuell besser eignet, um das Verhältnis zwischen Rendite und Kurs einzuschätzen. Dieser Indikator hat allerdings den Nachteil, dass er im Vergleich zum Gewinn sehr hohen Schwankungen unterliegt. Unter diesen Umständen ist auch hier eine Langzeitbetrachtung anzustreben, um durchwachsene Beurteilungen abgeben zu können.

Was sind Kryptowährungen?

Um die Fragen nach der Schöpfung, der Funktionalität und dem Zweck von Kryptowährungen zu beantworten, ist es hilfreich, wenn wir uns zunächst eine andere verwandte Frage stellen, deren Antwort uns einen großen Schritt näher an das Verständnis von Kryptowährungen bringt, nämlich die Frage, was es bedeutet eine Einheit einer Kryptowährung zu besitzen, etwa ein Bitcoin. Vielen Menschen ist dieser Begriff geläufig und im Allgemeinen versteht man, dass der Bitcoin nicht – wie es für Währungen üblich ist – von einem Staat emittiert wird und dass er zur Validierung seiner Reisen von einer Hand in die andere keiner Bank bedarf, da es sich hier um eine unkonventionelle Währungsart handelt, deren Umlauf direkt von Person zu Person abgewickelt wird. Wenn also ein Bitcoin irgendwo in einer Datenbank mit Ihrem „Namen“ (anonyme Identifikationskennzeichnung) versehen ist, besitzen Sie im Grunde eine Einheit eines Zahlungsmittels für Dienstleistungen und Güter, welches es Ihnen erlaubt, als Kunde beziehungsweise Anbieter anonym zu bleiben. Diese direkte Art des Handels und der

Geldübertragung wird in der Fachsprache als Peer-to-Peer-Transaktionen bezeichnet. In dieser Hinsicht ist der Bitcoin eine Währung, die wie beim Bargeld ohne Einbeziehung einer Finanzbehörde oder einer Geldinstitution zwischen Privatpersonen ausgetauscht werden kann. Doch beim Bitcoin liegt neben der Anonymität, (die auch zwischen Kunde und Anbieter besteht), ein weiterer wesentlicher Unterschied zum Bargeld darin, dass die Personen, die den Austausch betreiben, sich nicht persönlich treffen oder physische Sendung in Auftrag geben, also der Austausch virtuell umgesetzt wird.

Um die Ursprünge dieses Konzepts zu veranschaulichen, können die Hintergründe, die zur Erscheinung von Kryptowährungen führten, mittels einer Analogie schrittweise erläutert werden. Stellen Sie sich vor, dass Sie ein Mitglied eines Zirkels sind, etwa in einer Gemeinschaft aus Geschäftspersonen oder auch Freunden, die häufig Geld untereinander austauschen. Ein unkonventionelles Merkmal dieser Gruppe ist das Anliegen, dass Sie bei der Abwicklung Ihres Geldverkehrs die öffentlichen beziehungsweise die kommerziellen Finanzinstitutionen, die auch öffentlich reguliert sind, ausschließen wollen. Gründe für dieses Anliegen könnten eventuell in der Einsparung von oft hohen Transaktionsgebühren, die Banken erheben, oder im Wunsch, dass Sie Ihre Finanzen privat halten wollen, liegen. In einer Gemeinschaft, die ein solches Anliegen verfolgt, könnte zunächst die Implementierung eines gemeinschaftlich geführten Kassenbuches, in dem jedes Mitglied Eintragungen über Zahlungsverpflichtungen macht, in Betracht gezogen werden. Diese Eintragungen beinhalten die Höhe einer Zahlung, und eine Identifikationskennzeichnung, etwa ein Name. Nehmen wir an, dass es sich in Ihrer Gruppe um Freunde handelt und dass Sie gelegentlich untereinander Geld verleihen, beispielsweise abwechselnd die Restaurantrechnung für den anderen übernehmen, also auch Versprechen abgeben, dass Sie zu einem späteren Zeitpunkt eine bestimmte Zahlung tätigen. Für die Fortsetzung unserer Analogie, ist es zweckmäßig, dass wir den anderen Mitgliedern in dieser Gruppe jeweils einen willkürlichen Namen geben: wählen wir Anna, Ali und Dirk. Nun stellen Sie sich vor, dass Sie für Dirk 20 € beim Italiener ausgeben haben. Im Kassenbuch würde dann folgende Eintrag stehen: Dirk gibt Ihnen 20 €. In diesem Beispiel nehmen wir an, dass solche finanziellen Gesten häufig vorkommen und Sie zunächst aus praktischen Gründen dieses Buch führen. Es ist demnach für jedes Mitglied in Ihrer Gruppe offen zugänglich und ist zum Beispiel in Form einer Webseite umgesetzt. Hier macht jedes Mitglied entsprechende Eintragungen nach Bedarf: Anna zahlt Ali 30 €, Ali zahlt Dirk 15 € und so weiter. Nach einer verabredeten Zeitspanne treffen Sie sich, addieren die Beträge und ermitteln, wer noch etwas einzahlen muss und wer noch etwas erhält, sodass die Bilanzen zwischen den jeweiligen Gruppenmitgliedern am Ende ausgeglichen sind. In einer solchen kleinen Gruppe vertrauen sich in der Regel die Mitglieder gegenseitig und wenn sie darüber hinaus nahe beieinander leben, gäbe es noch keinen Bedarf für die Nutzung einer unkonventionellen Währungsart, da Sie einfach ohne die Einbeziehung der Behörden und Geldinstitutionen Bargeld untereinander austauschen könnten. Doch wenn die Gruppe wächst, dieses Konzept eine geschäftliche Dimension annimmt und die Mitglieder aus verschieden Ortschaften oder Ländern stammen, wird es schwieriger mit dem Vertrauen. Auch das Zusammentreffen, um die Bilanzen im Kassenbuch auszugleichen, wird zu einer organisatorischen Herausforderung, die in keiner Relation mehr zum Zweck Ihrer einvernehmlichen Vereinbarung, nämlich Gelder privat auszutauschen, steht. Unter den oben genannten Umstanden der Erweiterung Ihrer Gruppe bedarf es dann eines Sicherheitselements, das die Eintragungen in Ihrem Kassenbuch mit einem Schlüssel versieht, sodass sie Verifizierung eines Eintrags mit einem „Echtheitssigel" möglich ist und willkürliche Eintragungen in diesem öffentlich zugänglichen Kassenbuch verhindert werden können, sprich einem Betrug vorgebeugt wird (Dirk trägt ein „Anna zahlt Dirk 25 €", aber Anna war am relevanten Tag nicht beim Italiener). Mit dieser Verschlüsselung, die in diesem Kontext, also auf der Webseite, als digitale Signatur implementiert wird und mit der Einführung einer Vorleistung, haben Sie Ihr Kassenbuch vor den Absichten eines Wirtschaftskriminellen geschützt. Eine Vorleistung meint eine Vorauszahlung, mit der Sie nicht wahrgenommene Zahlungsversprechen sowie höhere Entnahmen als Einzahlungen eines Mitglieds vermeiden können. Nun gilt es noch, die geographischen Barrieren zu überwinden, sprich die Distanzen beim Geldverkehr zu überbrücken. Wie bereits erwähnt, möchte Ihre Gruppe für die Beförderung Ihrer Gelder keine traditionellen Geldinstitutionen nutzen, weil Sie der Meinung sind, dass es diese Institutionen nichts angeht, wem oder warum Sie jemanden Geld zukommen lassen. Um dies umzusetzen, müssen Sie entweder Wege finden, Gelder im Nichtwissen dieser Institutionen über geographische Distanzen hinweg zu befördern, oder eine eigene Währung erfinden, deren Emissionsrecht (Hoheit eines Staates über die Verwaltung, Regulierung und Herausgabe eines Zahlungsmittels) nicht in öffentlicher Hand liegt. Nehmen wir an, dass die Umständlichkeit der ersten Option Ihre Gruppe dazu bewegt, eine eigene, schnell austauschbare Währung ins Leben zu rufen. In diesem Fall ist es zur weiteren Erläuterung hilfreich, wenn wir uns einer möglichen Definition einer Währung bedienen, nämlich, dass ein Zahlungsmittel als gesellschaftlicher Konsens darüber, dass eine Einheit dieses Zahlungsmittels als Tauschmittel für Dienstleistungen und Güter dient und dass dieses an einen Gegenwert, den eine Gemeinschaft als solchen vereinbart, gekoppelt ist, betrachtet werden kann. Ein derartiges Gegenwertkonzept ist beispielsweise der Goldstandard, (an den unter anderem in der deutschen Währungspolitik nicht mehr festgehalten wird). Also, wenn sich nun Ihre Gemeinschaft darauf einigt, einen entsprechenden Gegenwert für Ihr unkonventionelles Zahlungsmittel, das Sie mit einem bestimmten, gemeinsam geschätztem Gut assoziieren, dann haben Sie mit diesem Konsensus per Definition eine eigene Währung geschaffen. Bei diesem gemeinschaftlich als Gesellschaftsgut beziehungsweise Wirtschaftsgut anerkannten Gegenwert würde es sich anbieten, etwas auszuwählen, das direkt mit dieser Währung zusammenhängt, etwa die Bereitschaft eine solche Währung als Zahlungsmittel zu akzeptieren. Das klingt erstmal paradox, aber es macht im Grunde genommen keinen Unterschied, welchen Gegenwert Sie wählen, da die Geltung aller Dinge um uns herum, - sei es Gold, Rosinen oder wie im heutigen, in der Politik geläufigen Währungsverständnis die aus ökonomischen Gründen gewählte Geltung des Selbstzweckes einer Währung -, Gegenstand der subjektiven Wertbeimessung des Menschen ist, sprich die Nachfrage und das Angebot den Preis bestimmen. Nachdem Ihre Gemeinschaft nun sich auf diesen fiktiven Gegenwert geeinigt haben, gilt es der Währung zunächst einen Namen zu geben und dann in die Tat umzusetzen, was im Gegensatz zur Taufe etwas mehr Mühen beanspruchen dürfte. Glückerweise wissen Sie und Ihre Freunde um die scheinbar grenzenlosen Möglichkeiten des Informationszeitalters mit seiner weltweiten digitalen Vernetzung und um den daraus resultierenden Vorteil, global mit Lichtgeschwindigkeit Daten austauschen zu können, und da Sie eine exzellente Auswahl von Freunden haben und Ali ein begeisterter Computerspezialist ist, entscheiden Sie sich dafür, Ihre Währung in digitaler Form zu realisieren, indem Sie eine Datenbank mit dem

Kassenbuch verknüpfen und das Eurosymbol mit einem Zeichen Ihrer Wahl austauschen.

Heute ist umstritten, wer der Urheber der ersten Kryptowährung Bitcoin ist. Der einzige Hinweis, der uns näher an die Person oder Personen führt, die ihn erfunden haben, ist das Pseudonym Satoshi Nakamoto, mit dem ein White Paper (öffentliche Diskussionsschrift), dass den Bitcoin im Oktober 2008 als Alternative zu herkömmlichen Währungen vorgestellt hat, unterzeichnet wurde. In dieser Schrift wurde die Funktionalität, die Anwendungsimplikationen sowie die Vorteile einer Kryptowährung dargelegt. Darüber hinaus gibt es Erkenntnisse darüber, dass die unter diesem Pseudonym auftretenden Erfinder auch die Programmierung und die Einführung des ersten Bitcoin-Marktplatzes Bitcoin.org umgesetzt haben.

Da es sich unserer Kenntnis entzieht, wer der offenbar auf Anonymität wertlegende Erfinder ist, ist unsere Analogie zum Ursprung der Kryptowährungen nur als mögliches Paraphrasieren der tatsächlichen Hintergründe zu betrachten. Sie soll hier lediglich als Veranschaulichung des Nutzens von Kryptowährungen herangezogen werden.

Im Folgenden finden Sie nochmal eine detailliertere und erweiterte Auflösung zum Begriff von Kryptowährungen:

- Eine Kryptowährung ist eine virtuelle Währung, die mit keinem Staat oder Währungsregion assoziiert wird, sprich auf globaler Ebene als Zahlungsmittel zur Anwendung kommt. Ihr Medium ist das Internet und sie erlaubt Ihren Nutzern, Finanztransaktionen anonym durchzuführen, das heißt, dass keine Verpflichtung besteht, dass sich der Sender und der Empfänger kennen müssen.

- Das Kassenbuch heißt im Kontext von Kryptowährungen Blockchain. In dieser Blockchain wird der gesamte Transaktionsverlauf aufgezeichnet. Sie stellt im engeren Sinne die Kryptowährung als solche dar, das heißt, dass beispielsweise der Bitcoin im seinem Grundverständnis mit seiner Blockchain identifiziert wird.

- Im Gegensatz zu konventionellen, von einem Staat reguliertem und kontrolliertem Zahlungsmittel gibt es für eine Kryptowährung keine zentrale Steuerung beziehungsweise keine zentral verwaltende Instanz, da jeder Nutzer (Schnittstelle) eine eigene Kopie des Blockchains führt, welche bei neu hinzukommenden Transaktionen für alle gleichermaßen aktualisiert wird.

- Die Kryptographie, (eine subordinäre Disziplin der Mathematik), die sich mit der Verschlüsselung von Informationen befasst, dient als Grundlage für die Sicherheit einer Kryptowährung. Hier werden die Einträge in der Blockchain mit einer Kombination aus einem öffentlichen und einem eindeutigen privaten Schlüssel chiffriert. Jeder Nutzer erhält demnach ein ihm singulär zugeordnetes Alleinstellungsmerkmal, sprich eine digitale Signatur in Form eines binären Codes aus 256 Bits. Bei diesem Code handelt es sich um eine Reihe von Nullen und Einsen mit 2 hoch 256 möglichen Antworten. Das ist eine Zahl mit 78 Ziffern, die es selbst für geübte Kryptographen mit leistungsstarken Rechnern praktisch unmöglich macht, die Signatur zu entschlüsseln. Im Übrigen erhält auch jeder Eintrag ein einzigartiges Identifikationsmerkmal, um die mehrfache Eintragung derselben Transaktion zu verhindern.

- Im Wesentlichen gibt es vier Merkmale, die ein Sicherheitsprotokoll einer Kryptowährung aufweisen muss, um als sicher zu gelten: eine Funktion, die es erlaubt, neue Transaktion an alle Nutzer zu kommunizieren; eine Funktion, die nur Transaktionen, die mit einer Signatur versehen sind, akzeptiert; eine Funktion, die Diskrepanzen in der Bilanz verhindert; eine Funktion, die neu kommunizierte Transaktion in einer bestimmten Reihenfolge akzeptiert oder verweigert, sodass jede Kopie der Blockchain auf Dauer identisch ist.

Schöpfung einer Kryptowährung

Beim letztgenannten Sicherheitsmerkmal kommt eine kryptographische Hash-Funktion (Cryptographic Hash Function) zum Einsatz. Diese spielt eine wesentliche Rolle bei der Schöpfung von Kryptowährungen. Die Hash-Funktion ist im Sinne eines Arbeitsnachweises (Proof of Work) beziehungsweise Gegenwert der Währung zu verstehen. Im Wesentlichen hat Sie die Aufgabe, eine Vertrauensbasis für den Kommunikationsaustausch von neuen Transaktionen zu schaffen, indem Sie einen Datensatz von Transaktionen, auch Block genannt, mit einer Kennzahl spezifiziert – beim Bitcoin gelten 2 400 Transaktion als ein Block und die Aufreihung dieser Datensätze versteht man als Blockchain, sprich als den gesamten Transaktionsverlauf seit der Einführung der jeweiligen Kryptowährung. Da es sich hierbei um eine Rechenoperation handelt, die in Ihrem Umfang eine Größenordnung annimmt, welche im übertragenen Sinne mit dem Erraten von sechs Richtigen in einer Lotterie vergleichbar ist, betrachten man diese Rechenleistung als Nachweis für eine erbrachte Arbeit, die in Form eines neuen Eintrags mit Gutschrift in der Blockchain vergütet wird. Alle

Nutzer haben dabei die Möglichkeit, sich dieser Rechenoperation anzunehmen und der Erste, der die spezifische Kennzahl für einen neu kommunizierten Datensatz ermittelt (mittels eines Rechners, der in diesem Kontext zufällig binäre Codes generiert), erhält die Gutschrift in der Einheit der Kryptowährung auf sein Posten in der Blockchain. Diese Gutschrift ist keine Transaktion im Sinne einer Überweisung von einem Nutzer zum anderen, sondern eine Neuschaffung, eine Addition zum gesamten Bestand einer Kryptowährung. Diese Generierung von Kryptogeld nennt man Mining. Wie bereits oben erläutert, handelt es sich beim Mining um eine Art Ratewettbewerb. Das Ziel dieser Herausforderung ist es, eine zufällige Zahl zu erraten, die eine in der Blockchain implementierte Funktion löst. Dabei gilt: umso mehr Rechenleistung ein Miner hat, desto mehr Rateversuche in einer gegebenen Zeiteinheit werden angestellt (in der Einheit Hash pro Sekunde angeben). In den Anfängen des Bitcoins nutzte man dafür noch herkömmliche Computer, aber inzwischen bedarf es spezieller Geräte, die die Leistung von im Alltag gebräuchlichen Rechnern um ein Vielfaches übertreffen, wenn man das Mining über das Hobby hinaus betreiben möchte. Eine Besonderheit war zunächst die zwischenzeitlich bevorzugte, aber immer noch gebräuchliche Nutzung von Grafikchips anstelle eines üblichen Prozessors. Hier hat sich herausgestellt, dass Grafikkarten (GPU) im Vergleich zu Prozessoren (CPU) besser geeignet sind, um einzelne und sich wiederholende Kalkulationen durchzuführen, da CPUs aufgrund ihrer Architektur eher für komplexere und simultane Verarbeitung von mehreren Rechenoperationen konzipiert sind. Nun, sobald ein Miner die relevante Antwort ermittelt hat, wird eine Auswahl an ausstehenden Transaktionen in einem Block zusammengetragen und anschließend der Blockchain angefügt. Dabei sendet der Rechner, der die Antwort „erraten" hat, diese an alle anderen Nutzer, welche dann die Antwort verifizieren, sodass eine Aktualisierung der Blockchain mit dem neuen Block, sprich dem Datensatz an neuen Transaktionen erfolgen kann. Da dieser Prozess einer enormen Rechenleistung bedarf, ist es aus rein probabilistischen Überlegungen höchst unwahrscheinlich, dass ein einzelner Miner immer wieder auf den gesuchten Hash stößt. So wird in gewisser Weise der Versuch angestellt, die Teilnahme an der Schöpfung des Kryptogelds auf viele Nutzer zu verteilen, was auch der Sicherheit und Integrität der Blockchain zugutekommt, indem ihre Manipulation de facto unmöglich wird. Damit ein Miner die Blockchain in irgendeiner Weise korrumpieren kann, müsste er oder sie dauerhaft mehr als die Hälfte, sprich 51 % der gesamten, diesem Netzwerk verfügbaren Rechenleistung aufbringen. Nüchtern ausgedrückt: Das ist eher unwahrscheinlich, da selbst, wenn sich eine Gruppe von Minern in einer solchen Bestrebung vereinigen sollte und tatsächlich eine solche Rechenleistung aufbringen könnte, würden sich zwei konkurrierende Blockchains bilden, wobei diejenige mit der geringeren Rechenleistung auf Dauer profitabler ist, (weil man hier mit einer geringeren Rechenleistung auch kleinere Miner-Anzahl annehmen kann, was sich in einem kleinerem Wettbewerb, sprich in einem höheren Gewinnanteil für jeden einzelnen Miner ausdrücken würde), sodass Miner von der 51-%-Blockchain in die kleinere Auswandern würden und damit die 51 % nicht mehr gegeben wären. Daraus kann man schließen, dass das Mining ein offener Wettbewerb ist und dass aufgrund seiner probabilistischen Natur, praktisch jeder sich mit einer angemessenen Ausrüstung im Mining-Geschäft beteiligen und zur Schöpfung beitragen kann. Jedoch wird es immer schwieriger, vor allem für Bitcoin-Miner, das Mining profitabel zu betreiben, da der Bitcoin eine Mengenbegrenzung aufweist, sprich die Gesamtmenge auf 21 Mio. Einheiten limitiert ist und man deshalb die Gesamtmenge an schöpfbaren Bitcoins alljährlich halbiert, das heißt, dass die Bitcoin-Miner mit einer immer großen werdenden Rechenoperation konfrontiert sind, um im Vergleich zum vorherigen Jahr einen Bitcoin zu schöpfen. Im Weiteren wird es aufgrund der Tatsache, dass die für das Mining verwendeten Geräte einen relativ hohen Stromverbrauch aufweisen, auf lange Sicht darauf hinauslaufen, dass das Bitcoin-Mining nur dann profitabel betrieben werden kann, wenn die Stromkosten gegen Null gehen, sprich wenn man frei verfügbare, erneuerbare Energien nutzt. Im Übrigen beläuft sich die Menge an bereits geschöpften Bitcoins auf ungefähr 18 500 000 und in Berücksichtigung der alljährlich schöpfbaren Menge dürfte es noch circa 120 Jahre (2140) dauern bis die Marke von 21 Mio. erreicht ist. Sobald die Bestandsbegrenzung erreicht ist, bestünde immer noch ein Bedarf für die Zusammentragung der Datensätze. Auch hier hat man vor, weiter den Bitcoin-Minern diese Aufgabe zu überlassen, mit dem Unterschied, dass Sie für den Arbeitsnachweis eine Transaktionsprovision erhalten anstatt einer Bitcoin-Gutschrift, die den Gesamtbestand erhöht.

Also, wenn Sie vorhaben, im Mining-Geschäft einzusteigen, gibt es einige technische Hürden zu überwinden und Erwägungen über die Energiekosten anzustellen. Im nächsten Kapitel werden wir nur kurz darauf eingehen, da auch andere Investitionsstrategien für Kryptowährung hier zur Geltung gebracht werden sollen, die sich eventuell besser eignen, um mit weniger Aufwand in der Branche Fuß zu fassen.

Investieren in Kryptowährungen

Am Kryptomarkt versuchen sich inzwischen viel Menschen zu profilieren. Der tatsächliche Anteil einer gegebenen Bevölkerung ist allerdings schwer zu ermitteln, da seit der Einführung des Bitcoins viele weitere Kryptowährungen erschienen sind, wie zum Beispiel Ethereum, Polkadot oder Litecoin. Hier alle Datenbanken zusammenzutragen, um ein Gesamtbild zu generieren, dürfte sich als schwierig erweisen, auch deshalb, weil es möglich ist, als einzelne Person mehrere Konten zu führen. Jedoch kann man sich hier des Marktvolumens bedienten, um Näheres über die heutige ökonomische Rolle von Kryptowährungen auszusagen. Schätzungen zufolge beläuft sich die globale Marktkapitalisation von allen Kryptowährungen auf etwa über 1 235 Mrd. € (Stand Februar 2021). Dabei repräsentiert der Bitcoin mit 755 Mrd. € bei weitem den größten Anteil.

Dies ist ein beachtlicher Markt und durchaus für Investoren interessant. Grundsätzlich gibt es vier direkte Arten mit Kryptowährungen Geld zu verdienen:

1. Krypto-Mining
2. Trade (kurzfristiger Handel)
3. Investition in Anlageprodukte
4. Aktive und direkte Investition in eine Kryptowährung

Die erstgenannte Methode haben wir bereits im vorherigen Kapitel kurz betrachtet. Erweiternd kann man hier noch bemerken, dass das Mining für alle Kryptowährungen im Prinzip nach demselben Schema funktioniert, sprich alle auf einer Blockchain basieren. Jedoch können hier zwischen den diversen Kryptowährungen gewisse Parameter unterschiedlich ausfallen. Ein solcher variierender Parameter ist offenbar der Preis in einer gegebenen konventionellen Währung, der durch Nachfrage und Angebot für das jeweilige Kryptogeld bestimmt wird. Weiterer Parameter, die unterschiedlich sein könnten, sind zum Beispiel die Begrenzung der Gesamtmenge oder auch die Anzahl von Transaktionen, die ein Block definieren. Beispielsweise haben im Gegensatz zu Bitcoin die Entwickler von Ethereum keine Mengenbegrenzung für Ihre Kryptowährung vorgesehen. Dementsprechend ist das Mining von anderen

Kryptowährungen unter Aufwendung durchschnittlicher Stromkosten eventuell profitabler als das Bitcoin-Mining. In diesem Sinne ist das Mining auch eine Art Investition, da Sie mit der Anschaffung der Ausrüstung im Grunde genommen eine Vorleistung erbringen, die später Gewinne erzielen soll. Natürlich könnte man hier ins Detail gehen und die Hardware- sowie Softwareelemente, die diese Technologie birgt, näher behandeln, um ein umfassendes Verständnis der Verdienstmöglichkeiten von Krypto-Mining zu vermitteln, aber das würde über den Zweck dieses Ratgebers hinausgehen. Doch so viel sei verraten: Die Schöpfung ist bereits mit einem haushaltsüblichen Laptop möglich (Desktop-Rechner würden Sich aufgrund ihres höheren Stromverbrauchs nicht rentieren). Sollte der Laptop darüber hinaus über eine handelsübliche Grafikkarte verfügen (Laptops, die für Videospiele oder Videobearbeitung gedacht sind), könnten Sie sich tatsächlich als bescheidener Hobby-Miner betätigen. Mit einer solchen Ausstattung können Sie schätzungsweise Umsätze von 30 bis 90 € im Monat erzielen, indem Sie sich einem sogenannten Mining Pool anschließen – eine Gruppe aus Minern, die ihre jeweiligen Rechenleistungen miteinander kombinieren und den daraus erschlossenen Ertrag untereinander aufteilen. Mit diesem

Zusammenschluss beabsichtigt man eine höhere Trefferquote, sprich ein häufigeres Erraten des Hashs, was zu dazu führt, dass diese Gruppe als Ganzes auch öfter mit der Gutschrift der Kryptowährung belohnt wird. Von geschätztem Umsatz der für Sie dabei herauskommt, müssten Sie noch Ihre durch das Mining verursachten Stromkosten berücksichtigen. Bei einem Laptop in der Art, wie er oben beschrieben wurde und der im dauerhaften Betrieb ist (Mining erfordert den dauerhaften Betrieb des zu seinem Zwecke verwendeten Geräts) dürften Sie unter Anwendung des durchschnittlichen Strompreises in Deutschland mit monatlichen Energiekosten von 45 € rechnen. In dieser Beispielrechnung würden Sie demnach im Idealfall einen Gewinn von 45 € im Monat erzielen.

Wie Sie hier erkennen können, wird die Profitabilität im Mining-Geschäft maßgeblich von Energiekosten sowie Rechenkapazitäten bestimmt, das heißt, dass es eines relativ umfangreichen technologischen Aufwands bedarf, um sich als Miner auf dem Markt zu behaupten. Glücklicherweise muss man nicht technisch sehr versiert sein oder in spezielle Geräte investieren, um von den Möglichkeiten, die dieser Markt eröffnet hat, zu profilieren, da es hier, wie gesagt, noch andere Investitionsmöglichkeiten gibt.

Zur Illustration dieser Möglichkeiten, die dieser neue Markt bietet, soll hier der Einfachheit halber auf eine Kryptowährung Bezug genommen werden. Hier bietet es sich an, den Bitcoin zu wählen und auf seiner Grundlage uns dieser Strategien anzunehmen, da er die gängigste Form einer Kryptowährung darstellt. Jedoch bewahren die folgenden Erläuterungen auch in Bezug auf andere Kryptowährungen Ihre Gültigkeit, da Kryptowährungen sich in ihrem Verständnis und ihrer Funktionsweise nicht wesentlich unterscheiden und ganz gleich, für welche Währung sie sich entscheiden, Sie als Investor ähnlich vorgehen, um in Kryptowährungen zu investieren. Vorab sei darauf hingewiesen, dass es ein Irrglaube ist, dass der Bitcoin aufgrund des medialen Interesses sich besonders in seiner Rentabilität von anderen Kryptowährungen abhebt. Die Annahme einer magischen Formel, einer gewissen Investitionsstrategie für den Bitcoin, die einen über Nacht zum Rolls-Royce-Fahrer macht, ist töricht und kein Gegenstand dieses Ratgebers. Der Wert des Bitcoins ist wie bei jedem anderen Anlagegut von seinem Angebot und seiner Nachfrage abhängig. Lassen Sie sich hier nicht von den vielen ominösen Werbeversprechen täuschen und vertrauen Sie auf Ihre Recherchen und Ihren gesunden Menschenverstand, sodass Ihnen Enttäuschungen erspart bleiben. In diesem Sinne gilt es hier, seine Erwartungen zu zügeln und sich in Pragmatismus zu üben, denn diese Einstellung ist, wie gesagt, ein Fundament, auf dem Investoren sicher stehen können, während sie sich der Strategien widmen, die im Folgenden dargelegt werden.

Beim Investieren in Bitcoins muss zunächst eine Unterscheidung zwischen dem Handel (auf Trading-Plattformen) und dem langfristigen Anlegen gemacht werden, damit diese beiden Begriffe nicht als synonym verwendet werden. Der Handel mit Bitcoins ist wie der Handel mit Aktien dadurch charakterisiert, dass es sich dabei um eine kurzfristige Wette auf den Preis handelt, sprich Bitcoins werden gekauft und oft mit einem marginalen Gewinn wieder verkauft. In dieser Hinsicht birgt dieses Vorgehen nicht viel von der hier geförderten Investormentalität, der wir uns in den vorherigen Kapiteln gewidmet haben. Im Übrigen soll noch einmal darauf hingewiesen werden, dass es die Intention dieses Ratgebers ist, Ihnen Wege aufzuzeigen, wie Sie sich als Investor langfristig eine stabile Einkommensgrundlage schaffen können. Für diesen Zweck ist das Trading ungeeignet. Selbst wenn manche im Trading mit Kryptowährungen Erfolg haben, fahren Sie auf der Schiene des vorausdenkenden Investors sicherer, denn das schnelle

Geld im Handel ist oft mit langen Sitzungen vor dem Monitor und einem hohen Risiko verbunden. Außerdem erfordert das Trading eine fortwährende Beobachtung des Kurses sowie die Manieren und Kühnheit eines Glücksritters. Die Strategien des langfristigen Investierens sind dagegen für jeden zugänglich und auch weitgehend vereinbar mit der Risikobereitschaft eines verantwortungsbewussten Investorgeist.

Nun, wo fangen Sie am besten an, in Kryptowährungen zu investieren? Natürlich müssten Sie sich zunächst dafür entscheiden welche Währung Sie wählen. Betrachtet man hier den Preisverlauf des Bitcoins und seine weitreichende Verankerung am Markt, scheint er das Pferd zu sein, auf das man sein Hemd setzen sollte. Auch aufgrund seiner Bestandsbegrenzung von 21 Mio. Einheiten, kann man davon ausgehen, dass sein Preis weiter steigen wird, denn ein limitiertes Gut, das mit Unabhängigkeit (dezentralisierte Währung), Anonymität und mit Benutzerfreundlichkeit (einfache und schnelle Zahlungen) assoziiert wird, hat gute Chancen auf eine hohe und stabile Nachfrage. Zweifelslos können Sie auch in andere Kryptowährungen investieren, die auch diese Merkmale aufweisen, doch da viele erst kürzlich auf dem Markt erschienen sind, ist ihre Entwicklung schwerer einzuschätzen. In dem Fall, dass Sie den Wunsch hegen, in verschiedene Kryptowährungen zu investieren, ist es hilfreich, wenn Sie sich zunächst mit dem Preisverlauf der jeweiligen Währung auseinandersetzen und Indikatoren berücksichtigen, die eindeutig ein stabiles Wachstum über mehrere Jahre suggerieren. Umso länger der Verlauf, desto sicherere Aussagen können Sie treffen. Beispielsweise ist Ethereum (in der Einheit Ether notiert) eine Kryptowährung, die nach Bitcoin und Bitcoin Cash die drittgrößte Marktkapitalisation ausweist (Stand Februar 2021), deren Preis in den vergangen fünf Jahren von unter 3 € auf über 1 400 € gestiegen ist.

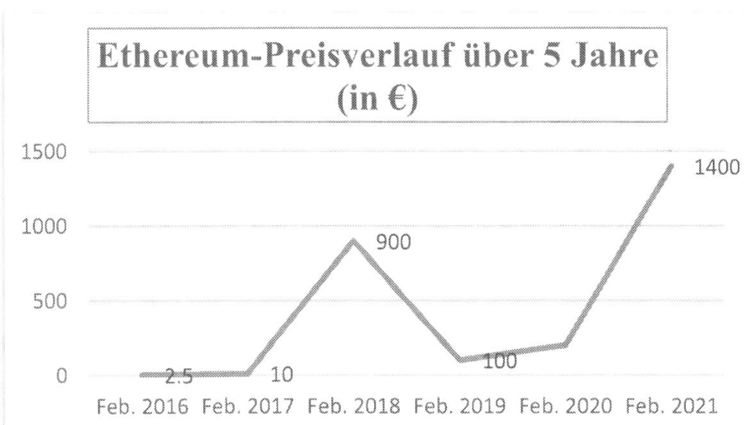

Zwar gab es hier zwischendurch drastische Schwankungen, aber für einen Langzeitinvestition wäre das eine 466-fache Vervielfachung des ursprünglichen

Einsatzes. Es ist schwer zu sagen, ob wir für die nächsten fünf Jahre eine ähnliche Entwicklung annehmen können, doch ein positiver Trend liegt durchaus im Bereich einer optimistischen Prognose. Am obigen Preisverlauf erkennt man, dass zumindest bei auf dem Markt etablierten Kryptowährungen auf lange Sicht beachtliche Gewinne zu erzielen sind. Bei Bitcoins war der Preisanstieg in Absolutbeträgen drastischer (von unter 350 € auf über 40 000 € in fünf Jahren), aber fairerweise muss man bemerken, dass er schon länger auf dem Markt ist und dass der Bitcoin im Vergleich zu anderen Kryptowährungen ein höheres mediales Interesse bedient, was seine Nachfrage begünstigt. Wenn Sie nun in Bitcoins investieren wollen, sollten Sie sich darüber im Klaren sein, dass es sich um eine spekulative Investition handelt und dass das gesamte Risiko auf einem einzigen Anlagegut lastet, also keine Streuung des Risikos besteht (keine Diversifikation). Unter diesen Umständen sollte Ihre Investition in Bitcoins oder auch in jedes andere Kryptogeld nicht mehr als 10 % Ihrer gesamten Mittel (Investitionsportfolio), die Sie für das Investieren vorgesehen haben, betragen.

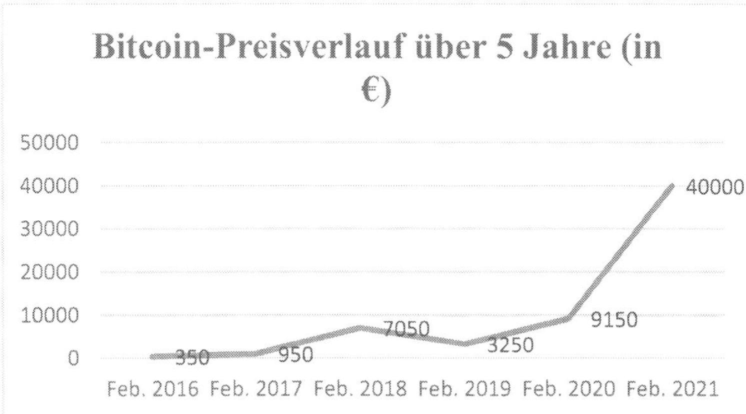

Wie bei allen medial umjubelten Anlageklassen hat sich der Finanzmarkt auch beim Bitcoin viele neue Anlageprodukte ausgedacht. Beispielsweise gibt es die Möglichkeiten, in Zertifikate oder auch in sogenannte Exchange Traded Notes (ETN) zu investieren. Beim Letzterem handelt es sich um ein Exchange Traded Product (ETP) – unter diese Kategorie fallen auch ETFs. Auch wenn ETFs und ETNs als börsengehandelte Produkte verstanden werden, gibt es wesentliche Unterschiede zwischen ihnen, die Sie berücksichtigen sollten. Betrachten wir zur Veranschaulichung dieser Unterschiede eine handelsübliche Bitcoin-ETN, die zum Beispiel der Investmentverwalter VanEck anbietet.

Hier gibt es im Gegensatz zu ETFs bei ETNs ein Emittentenrisiko, das heißt, dass die Anlage beim Anbieter nicht als Sondervermögen geführt wird, also die Anlage scheitert, wenn der Anbieter in Konkurs geht. Ein weiterer Unterschied zu ETFs liegt darin, dass ETNs auf Derivate beziehungsweise auf Schuldverschreibungen basieren, sprich der Investor die Rolle eines Gläubigers besetzt. Darüber hinaus sind ETNs vergleichsweise mit höheren Gebühren behaftet, die sich dadurch erklären, dass der Anbieter unter anderem höhere Kosten für Verwaltung, Betrieb und Wirtschaftsanalysten hat, da die Abbildung einer solchen relativ neuen Anlageklasse anspruchsvoller ist. Diese Kosten, die sich in der jährlich berechneten Total Expense Ratio (TER) ausdrücken, bewegen sich bei ETNs meist im Bereich von 2 %. Wie bereits erläutert, sind beispielsweise Bitcoins-ETNs eine Anlageklasse, wo Sie auf einen einzigen Anlagewert setzen, das heißt, dass die gesamte Summe, die Sie hier investieren, in Bitcoins hinterlegt wird. Dabei werden diese in der Regel in einem sogenannten Cold Storage deponiert, sprich „physisch" besichert, indem sie auf einem Offline-Speichermedium gespeichert werden. Im Gegensatz zu Hot Storages in Form eines netzwerkbasierten Speichers (E-Wallet) sind bei den Cold Storages keine Hackerangriffe über das Internet möglich. Ein weiterer Vorteil von Bitcoin-ETNs ist die relativ einfache Abwicklung ihres Erwerbs, das heißt, wenn

Sie bei einem Vermögensverwalter oder dergleichen ein Depot führen, können Sie mit der sogenannten ISIN (International Securities Identification Number) eines Anlageprodukts, einer Art Etikett, unkompliziert eine ETN kaufen und diese in Ihrem Depot abbilden lassen, sprich ihren Investitionsverlauf nachverfolgen.

ETNs und Zertifikate auf Bitcoins sind eine passive Möglichkeit der Investition. Eine andere durchaus interessantere Methode ist das direkte Investieren in Bitcoins. Hier verwalten Sie ihre Anlage aktiv. Es besteht hier zwar ein etwas größerer Arbeitsaufwand, der aber dadurch kompensiert wird, dass Sie mehr Kontrolle über Ihre Investition haben und im Vergleich zu ETNs Gebühren sparen. Unter dieser Betrachtung ist es sinnvoller, direkt in Bitcoins zu investieren, da neben den erhöhten Gebühren diejenigen ETPs, die auf Derivate oder Schuldscheine basieren, so wie es bei Bitcoin-ETNs der Fall ist, grundsätzlich riskanter sind als Anlagen, deren Preis direkt mit dem Anlagegut als solches korreliert. Hier ist die direkte Bitcoin-Anlage mit dem Kauf von Gold vergleichbar, da Ihre Rendite unmittelbar mit dem Preis des jeweiligen Guts zusammenhängt. Wie beim Gold erwerben Sie den Bitcoin als solchen und bewahren ihn im übertragenen Sinne in einem sicheren Ort auf. Für den Zweck der

Langzeitinvestition in der Art, wie sie hier empfohlen wird, würde das bedeuten, dass Sie Bitcoins für nicht mehr als 10 % Ihres Portfolios einkaufen, einen Investitionszeitraum in Abwägung Ihrer Investitionsziele festlegen, nach Erreichung Ihrer Ziele eine erneute Evaluation durchführen und sich dann eventuell neuen Ambitionen widmen.

Konkret heißt das, dass Sie sich zunächst auf der entsprechenden Plattform ein Bitcoin Wallet einrichten. In dieser Wallet (englisch für Geldbörse) bewahren Sie Ihre Bitcoins, die Sie bei einem relevanten Anbieter, einem sogenannten Bitcoin Exchange gegen konventionelle Währung eingetauscht haben, auf. Auch hier gibt es die Wahlmöglichkeit zwischen dem Hot oder Cold Storage, sprich die Auswahl zwischen einem netzwerkbasierten Speicher (auf dem Server eines Anbieters) oder einem Offline-Speichermedium in Form einer tragbaren Speicherhardware wie beispielsweise einem Ledger, ein Gerät das an einen USB-Stick erinnert, aber deutlich mehr Funktionen ausweist. Bei beiden Speicherarten erhalten Sie einen Sicherheitssatz, den nur Sie kennen. Dieser Sicherheitssatz ist eine Art Schlüssel mit dem Sie auf Ihre Bitcoins zugreifen können. Hier sollten Sie darauf achten, dass Sie den Sicherheitssatz auf einem Blatt Papier aufschreiben und anschließend sicher aufbewahren. Bei der

Hot-Wallet-Option erhalten Sie den Schlüssel über die Anwendung, die Sie benutzen. Beim Ledger ist dieser Satz bereits im Gerät implementiert, deshalb sollten Sie besonders darauf achten, dass Sie dieses Gerät direkt beim Hersteller bestellen, da es schon vorgekommen ist, dass Zwischenhändler Geräte vor dem Versand an den Kunden manipuliert und später Bitcoins entwendet haben. Es soll hier nochmal nachdrücklich darauf hingewiesen werden, dass dieser Sicherheitssatz, den Sie bei der Einrichtung einer Wallet erhalten und der im Grunde Ihren privaten Blockchain-Schlüssel in anderer Form repräsentiert, die absolut einzige Möglichkeit darstellt, auf Ihre Kryptowährung zuzugreifen. Hier besteht auch ein wesentlicher Unterschied zu ETNs. Bei ETNs erhalten Sie keinen privaten Schlüssel (Private Key), da ETNs im Sinne eines Wertpapiers verwaltet werden, sodass es dem Anbieter obliegt, sich um die Aufbewahrung der Bitcoins zu kümmern, das heißt, dass Sie de facto keinen Zugriff auf die der Anlage zugrundeliegenden Bitcoins haben.

Ergänzend lassen sich die Vor- und Nachteile der jeweiligen Investitionsmöglichkeiten wie folgt auflisten.

Vorteile von Bitcoin-ETNs:

- Einfacher Erwerb: Die Investition in Bitcoin-ETNs ist bereits mit der ISIN eines Anlageprodukts möglich, das heißt, dass Sie bei der Auswahl des Produktes lediglich diese Nummer benötigen, um auf Ihrer Investmentplattform die jeweilige Anlage direkt zu kaufen und diese auf dieser Plattform abbilden zu lassen.

- Die Sicherheit der ETN-Bitcoins liegt in der Verantwortung des Anbieters. Sie brauchen sich also nicht um den Erwerb und die sichere Aufbewahrung der Kryptowährung zu kümmern. Hier erwirbt der ETN-Anbieter die Bitcoins und sichert Sie in der Regel in einem Cold Storage (Art der Verwahrung wird vom Anbieter angegeben).

Nachteile von Bitcoin-ETNs:

- Bei dieser Anlageklasse handelt es sich um Derivate beziehungsweise Schuldverschreibungen, sprich Sie treten hier als Gläubiger auf. Eine solche Anlageart ist meist riskanter als das direkte Investieren.

- Für ENTs fallen im Vergleich zu der direkten Bitcoin-Anlage meist höhere Verarbeitungsgebühren an.
- ETNs sind mit einem Emittentenrisiko behaftet. Selbst wenn der Bitcoin-Kurs eine gute Performance hinlegt, kann Ihre Anlage scheitern, sollte der ETN-Anbieter aus unverwandten Gründen Insolvenz anmelden.

Vorteile des direkten Investierens in Bitcoins:

- Sie sind Herr oder Frau der Lage: Beim direkten Anlegen entscheiden Sie wann, wo und zu welchen gegebenen Preisen Sie Ihre Bitcoins kaufen beziehungsweise verkaufen, da Sie den Private Key und damit die volle Souveränität über Ihre Bitcoins haben – ihre Schlüssel, ihr Haus!
- Bei der aktiven Bitcoin-Anlage können Sie sich in der Praxis üben, Erfahrungen sammeln und dadurch ein besserer Investor werden.

Nachteile der direkten Investition in Bitcoins:

- In Anbetracht der Tatsache, dass Sie die volle Kontrolle über Ihre Bitcoins haben, liegt auch die Sicherung dieser in Ihrer Verantwortung. Es kam schon einige Male vor, dass Krypto-Enthusiasten mit dem Verlust Ihres Schlüssel Bitcoins in Millionenhöhe unwiderrufbar ins Nirvana beförderten. Aus diesem Grund ist es unabdingbar, dass Sie Ihren Private Key beziehungsweise Ihren Sicherheitssatz mit Bedacht aufbewahren. Da es sich beim Bitcoin um eine dezentrale Währung handelt, können Sie keine Autorität konsultieren, um Ihren verlorenen Schlüssel wiederherzustellen oder zu ersetzen.

In Erwägung der oben genannten Aspekte wird Ihnen empfohlen, direkt in Bitcoins zu investieren. Im Folgenden finden Sie ergänzend zum bereits Erläuterten weitere Schritte, die es beim unmittelbaren Investieren in Bitcoins zu beachten gilt.

Für den Erwerb von Bitcoins müssten Sie zunächst eine Krypto-Börse (virtuell) besuchen. Inzwischen gibt es weltweit mehr als 100 Unternehmen, die als solche fungieren. Auf diesen Börsen findet der eigentliche Umtausch zwischen der konventionellen Währung und dem Kryptogeld zum aktuellen Preis statt. Eine solche Krypto-Börse ist beispielsweise die benutzerfreundliche BISON-Plattform, die als Handyanwendung verfügbar ist und von der Börse in Stuttgart betrieben wird. Auf dieser App müssen Sie zunächst ein Konto eröffnen. Dabei wird heute standardgemäß und in Befolgung einer EU-Vorschrift eine Personenidentifikation durchgeführt, was vielen Bitcoin-Begeisterten ein Dorn im Auge ist, da es dadurch für Regierungen de facto auf Anfrage möglich ist, die Namen, die sich hinter den Bitcoin-Adressen verbergen, zu ermitteln. In der Regel müssen Sie bei der Personenidentifikation Ihren Personalausweis vorzeigen und ein Videotelefonat mit einem Angestellten des Anbieters führen. Sobald die Identitätsprüfung erfolgreich abgeschlossen und Ihr Konto somit eröffnet ist, können Sie Ihre Euros in Bitcoins umtauschen. Je nachdem, welche Anbieter Sie nutzen, können beim Umtausch auch Gebühren anfallen. Die oben angeführte Plattform BISON erhebt keine Umtauschgebühren, aber dafür beansprucht Sie einen Spread von 0,75 %, das heißt, wenn Sie einen Bitcoin für einen bestimmten Preis kaufen, können Sie diesen Bitcoin nur zu einem verminderten Preis an den Anbieter wieder verkaufen. Im Fall von BISON wäre das eine Preisminderung, sprich ein Spread von 0,75 %, was vergleichsweise über dem Durchschnitt liegt. Außer BISON gibt es noch weitere benutzerfreundliche und gegebenenfalls auch günstigere Krypto-Börsen, etwa KraKen, BINANCE, oder Coinbase. Im Vergleich zu BISON haben diese international agierenden Börsen jeweils ein deutlich größerer Marktanteil und eine umfassendere Auswahl an Kryptowährungen, wo Sie zum Beispiel in Bitcoin Cash oder Ethereum, den beiden anderen großen Kryptowährungen, investieren können. Nachdem Sie auf diesen Börsen einen Kauf getätigt haben, gilt es im weiteren Schritt, sich der Aufbewahrung Ihres Kryptogeld anzunehmen. Auf den oben genannten Plattformen ist es zwar möglich, die Aufbewahrung und die damit verbundenen Sicherheitsvorkehrungen dem Anbieter zu überlassen, aber davon wird abgeraten – nicht ihr Schlüssel, nicht Ihr Haus! Hier ist es sinnvoller sich eine eigene Wallet einzurichten und das auf den Krypto-Börsen erworbenen Kryptogeld auf diese zu übertragen, sei es eine Hot oder Cold Wallet. Bei einem Hot Storage wird Ihnen empfohlen, dass Sie anstelle einer PC-Anwendung eine Handyapp verwenden, da die Betriebssysteme von heutigen Smartphones sicherer sind als die gängigen

PC-Betriebssysteme wie Windows oder Mac OS. Neben vielen anderen ist hier die Hot Wallet von EXODUS zu empfehlen. Im Allgemeinen sind diese Apps kostenlos und einfach zu bedienen. Nun, nachdem Sie sich ein Konto auf einer solchen App eingerichtet haben, können Sie Ihr Kryptogeld von Ihrem Konto auf der Krypto-Börse auf Ihre Wallet überweisen. In der Regel dauert dieser Prozess nur wenige Minuten (im Wesentlichen ist das die Aufgabe der Miner). Dabei können Sie auch von verschiedenen Geräten auf Ihre Wallet zugreifen, sofern Sie sich den Sicherheitssatz gemerkt haben. In dieser Hinsicht ist es nicht ausschlaggebend, auf welchem Gerät Sie die Wallet führen, da hier der Sicherheitssatz als Kontopasswort verstanden wird und Sie im Falle eines Geräteausfalles auf einem anderen Gerät die App herunterladen und mit dem Sicherheitssatz auf Ihre Kryptowährung zugreifen können. Bei größeren Beständen an Kryptowährungen würde es sich eventuell lohnen, einen Cold Storage in Betracht zu ziehen, da Sie zum Beispiel mit einem Ledger sicherheitstechnisch größere Geschütze auffahren. Dieses Gerät ist in der Preisspanne zwischen 50 und 120 € erhältlich. Doch da nichts auf Gottes Erde vor seinem Ende bewahrt werden, also dieses Gerät auch ausfallen kann, ist es auch hier unerlässlich, sich diesen Sicherheitssatz aufzuschreiben und adäquat aufzubewahren.

Ganz gleich für welche der oben angeführten Investitionsarten Sie sich auch entscheiden, seien Sie sich im Klaren darüber, dass die Anlage in Kryptowährungen eine relativ spekulative Wette ist. Im Vergleich zum etablierten Aktienmarkt, haben Kryptowährungen eine sehr hohe Volatilität (Spanne der Kursschwankungen), die sowohl hohe Renditen werfen als auch erhebliche Verluste verzeichnen kann. Hier ist ein Crash durchaus denkbar und deshalb ist das Investieren in Kryptowährungen nicht die optimale Strategie für eine konservative, langfristige Investition, mit der beispielsweise eine Altersvorsorge beabsichtigt ist. Im Folgendem finden Sie weitere Risiken, die hier erwähnt werden sollen, aufgelistet:

- Risiko durch Wirtschaftskriminalität: Der Bitcoin ist seit seiner Einführung immer wieder in die negativen Schlagzeilen geraten, da es Häckern gelungen ist, Beträge in Millionenhöhe zu entwenden, und Nutzer oft von betrügerischen Anbietern getäuscht werden. Da es keine zentralisierte administrative Autorität gibt, wird den Nutzer eine sehr hohe Eigenverantwortung abverlangt. Hier sei bemerkt, dass die Blockchain sicher ist vor Hackern und dass es oft an der Nachlässigkeit der Nutzer liegt, dass Hacker „erfolgreich“ sind.

- Risiko durch ein gesetzliches Verbot von Kryptowährungen: Ein Verbot von Kryptowährungen ist nicht auszuschließen, da viele Kriminelle (Terrorismus, Geldwäsche, Drogenhandel, etc.) sich dieser Technologie bedienen, um die zur Kriminalitätsvorbeugung implementierten Mechanismen, die bei konventionellen Finanztransaktionen zum Tragen kommen, zu umgehen.

- Risiko durch technologische Herausforderungen: Die wachsende Anzahl an Transaktion kann zu Verzögerung bei der Verarbeitung der Datensätze sowie zu höheren Transaktionsgebühren führen.

- Risiko durch Preismanipulationen, die von sogenannten Bitcoin-Walen verursacht werden können: Unter Bitcoin-Wale versteht man Bitcoin-Besitzer, die gemessen am Gesamtbestand eine relativ hohe Anzahl an Bitcoins halten. Sollten hier größere Verkäufe getätigt werden, könnte es eventuell zu drastischen Preissenkungen kommen.

In summa handelt es sich bei Bitcoins und auch bei allen anderen Kryptowährungen um eine spannende Technologie, die einige interessante Implikationen birgt. Sie hat das Potenzial, unser Verständnis vom Geld in Bezug auf Dezentralisierung und Anonymität neu zu definieren. Betrachten wir die Geschichte des Bitcoins und seinen Preisverlauf, kann sich eine Investition durchaus lohnen. Auch wenn Sie noch skeptisch sind, ist mit einer kleinen, nervenschonenden Investition am Anfang immer zumindest Erfahrung zu gewinnen, ganz gleich, welche Ergebnisse Sie erzielen.

Anmerkung zu externen Einflüssen auf eine Ökonomie und den Investitionsmarkt

In erster Linie sind die Anlagewerte immer von ihrer Nachfrage und ihrem Angebot abhängig. Dementsprechend gilt es, sich die Frage zu stellen, wie Angebot und Nachfrage beeinflusst werden. Grundsätzlich ist es eine Kombination aus ökonomischen Indikatoren und sozio-ökonomischen Trends, die Aufschluss darüber geben könnten, wie sich der Investitionsmarkt entwickeln wird. Recherchen in diesen Bereichen sind demnach eine regelmäßige Aufgabe für einen ambitionierten Investor. Auch ein gesunder Menschenverstand dürfte sich als nützlich erweisen, wenn man sich beispielsweise mit der Frage beschäftigt, auf welche Produkte oder Dienstleistungen man beim langfristigen Anlegen setzen soll. Dieser rational vorausschauende Menschenverstand wird erkennen, dass es hier zum Beispiel vernünftiger ist, auf Produkte zu setzen, für die es stets einen Bedarf gibt, etwa Lebensmittel oder Hygieneartikel, auch deshalb, da die Weltbevölkerung stets wächst und so entsprechend auch dieser Bedarf an

Grundverpflegungsprodukten. Nehmen wir hier zur Veranschaulichung den bekannten Drogerieartikel-Hersteller Colgate-Palmolive. Der Aktienwert dieses Unternehmens hat sich in den letzten zehn Jahren mehr als verdoppelt (von unter 30 $ bis auf über 75 $). In dieser Hinsicht liegt die Annahme nicht fern, dass solche Produkte, eine sichere Investitionsgrundlage darstellen.

Ergänzend zur Betrachtung der externen Einflüsse, kann man hier auch politische Faktoren wie Steuerpolitik oder auch technologische Innovationen, die einen bedeutenden Einfluss auf die Wirtschaft im Allgemein ausüben, unter die Lupe nehmen. So würde man möglicherweise ein anderes wirtschaftliches Deutschland vorfinden, sollte die Gesetzgebung von einer linken Mehrheit domminiert sein. Hier gilt es wachsam zu sein und die Trends beziehungsweise Umschwünge im Zeitgeist zu verfolgen. In diesem verschwommenen Begriff des Zeitgeistes lassen sich oft Hinweise finden, welche gesellschaftliche Veränderung sich auf die Wirtschaft auswirken können. Nehmen wir zum Beispiel die monetären Implikationen, die der Bitcoin birgt, und stellen uns mal vor, was er für Drittweltländer, bedeuten könnte. In diesen Ländern, etwa Somalia oder Eritrea, haben nur die wenigsten Menschen ein Konto in einer Bank, aber die meisten ein Smartphone. Hier wäre es nicht verwunderlich, wenn Kryptowährungen dort einen Boom erleben würden, der im Übrigen auch dadurch begünstigt wird, dass die Währungen in diesen Ländern im Vergleich zu den global gängigen Währungen kaum etwas wert und im Außenhandel selten akzeptiert sind, sprich ihre Wirtschaft durch die Nutzung von Kryptowährungen im Sinne einer stärkeren Kaufkraft im Ausland gefördert wird. Auch die de facto unantastbare Integrität der Blockchain, dürfte den Menschen in diesen Ländern zugutekommen, da diese Integrität das Erfordernis für Vertrauen bei Finanztransaktionen obsolet macht, sodass es mehr ökonomische Anreize für Finanztransaktionen zwischen Industrienationen und Drittweltländer gibt. Dieses Potenzial besteht bei konventionellen Mitteln der elektronischen Geldbeförderung nicht, da Entwicklungsländer deutlich häufiger mit Wirtschaftskriminalität in Bezug auf diese Finanztransaktion zu kämpfen haben (mehr als ein Drittel aller illegalen Finanztransaktionen stammen aus Afrika). Für die Menschen dieser Länder versprechen Kryptowährungen einen Ausweg aus der Abhängigkeit von der Geldpolitik Ihrer häufig korrupten Regierungen und eine Chance, sich global an den Märkten zu beteiligen.

Fazit

Indem Sie an diesen Punkt gelang sind, haben Sie sich ein Grundwissen über das Investieren in Aktien, ETFs und Kryptowährungen, dass zumindest über das Laientum hinaus geht, angeeignet. Nun gilt es dieses Wissen auch in die Tat umzusetzen, um die von Ihnen angestrebte finanzielle Freiheit in Reichweite zu rücken. Wichtig ist, dass Sie zunächst die mentalen Hürden meistern, deren Überwindung in der Verwandlung von einem Sparer beziehungsweise Lohnarbeiter hin zu einem verantwortungsbewussten Investor resultiert. Denken Sie nur an die vielen Vorteile die diese Verwandlung in Aussicht stellt, etwa die Entledigung einer mühseligen Arbeit, eine Unabhängigkeit von anderen Menschen oder auch die Erfahrung einer wahren individuellen Freiheit. Mit dem Schwerpunkt auf das langfristige Investieren sind diese Ziele eher zu erreichen als mit einem Fokus auf kurzfristiges und reges Trading. Bringen Sie also Ausdauer und Voraussicht mit.

Dieses Vorgehen wird idealerweise von einem positiven Money-Mindset begleitet, denn wenn Sie Ihr Geld für sich arbeiten lassen wollen, werden Sie nicht umhinkommen, Geld als Medium zwischen Idee und Umsetzung zu betrachten. Hier ist es der feste Glaube an die Idee, der Sie dazu bewegen wird, dieses Medium zu nutzen, um Ihre Ziele umzusetzen. Um diesen Glauben zu fördern, können Sie sich der Strategie der Visualisierung annehmen, indem Sie sich regelmäßig etwas Zeit nehmen und mit Ihren Zielen und Wertvorstellungen auseinandersetzen. Voraussetzung für den Erfolg dieser Strategie ist natürlich, dass Sie wissen, welche Aspirationen das Potenzial haben, Sie glücklich zu machen und Ihnen Lebenssinn zu schenken.

Ganz gleich, welchen legitimen Zielen Sie sich annehmen, beim Investieren gibt es eine gewisse, sich günstig auf Ihre Erfolgschancen auswirkende Grundhaltung, die unter anderem durch Risikobereitschaft und Eigenverantwortung charakterisiert ist. Darüber hinaus gilt es, seine Unsicherheiten und Zukunftsängste zu überwinden und sich nicht entmutigen zu lassen, wenn es zu Schwankungen auf den Märkten kommt, denn die Geschichte hat uns gelehrt, dass das Vertrauen in die Wirtschaft und in ihre Tendenz, auf lange Sicht zu wachsen, Früchte trägt. Dabei sollten Sie sich der verfügbaren Informationen über die Unternehmen und die Anlageprodukte bedienen, da mit einer fundierten

Recherche Sie eine tatsachenbasierte Grundlage für Ihre Entscheidungen schaffen. Gehen Sie mit Bedacht vor, wenn Sie für diese Recherche Expertenmeinungen heranziehen. Hinterfragen Sie die Motive dieser Menschen und lassen Sie sich nicht von emotionalisierten Schlagzeilen täuschen, denn beim Investieren gilt es, eine kühne Ruhe zu bewahren. Dieses Gespür eines Investors wächst dabei nicht von heute auf morgen, aber wenn Sie sich mit der Thematik sowohl theoretisch als auch in der Praxis befassen, werden Sie die Voraussetzungen dafür schaffen, den Investorgeist, der in Ihnen schlummert, zu wecken – einen Optimisten, der seine Chance beim Schopfe packt, wenn er Sie erkennt.

Legen Sie Ihre Skepsis und Bedenken ab und trauen Sie sich. Fangen Sie mit einer kleinen, erschwinglichen Investitionssumme an und beherzigen Sie die Strategien, für die hier geworben wurde. Es gibt viele Anbieter, wo Sie ein Depot eröffnen können und mit einer solchen kleinen Summe direkt am Markt mitmischen können. Außerdem erlaubt Ihnen dieses Depot, alle Ihre Aktien oder ETFs auf einer Plattform im Blick zu behalten und zu analysieren. Auch für Kryptowährungen gibt es benutzerfreundlich und günstige Anwendungen, die Ihnen das Investieren leichter machen. Indem Sie sie nutzen, üben Sie sich in der Praxis, lernen aus Fehlern und sammeln Erfahrung. Mit einer solchen Herangehensweise dürfte es nicht lange dauern, bis Sie die Möglichkeiten die das Investieren birgt, zu schätzen wissen, sodass Sie es Ihnen leichter fallen wird, weitreichendere Entscheidungen zu treffen, die Ihre Bestrebungen Wirklichkeit werden lassen.

Haftungsausschluss

Dieses Buch enthält Meinungen und Ideen des Autors / der Autorin und hat die Absicht, Menschen hilfreiches und informatives Wissen zu vermitteln. Die enthaltenen Strategien passen möglicherweise nicht zu jedem Leser, und es gibt keine Garantie dafür, dass sie auch wirklich bei jedem funktionieren. Die Benutzung dieses Buchs und die Umsetzung der darin enthaltenden Informationen erfolgt ausdrücklich auf eigenes Risiko. Haftungsansprüche gegen den Autor für Schäden materieller oder ideeller Art, die durch die Nutzung oder Nichtnutzung der Informationen bzw. durch die Nutzung fehlerhafter und/oder unvollständiger Informationen verursacht wurden, sind ausdrücklich ausgeschlossen. Das Werk, inklusive aller Inhalte, gewährt keine Garantie oder Gewähr für Aktualität, Korrektheit, Vollständigkeit und Qualität der bereitgestellten Informationen. Druckfehler und Fehlinformationen können nicht vollständig ausgeschlossen werden.

Impressum:

Rocka Maldini 120, Old Railway Track, SVR 9017, Santa Venera, Malta,

malta.publishing@gmail.com

Printed in Poland
by Amazon Fulfillment
Poland Sp. z o.o., Wrocław

74263381R00066